技術は真似できても、
育てた社員は真似できない

～老舗ベンチャー・ホッピービバレッジの人財“共育”実践記～

ホッピービバレッジ株式会社
代表取締役社長　石渡 美奈

はじめに

二〇一一年五月。一冊の本が届けられました。『超訳　論語と算盤』という新刊本です。ちょうどその頃、論語を読みたいと思っていた私は、過去おつきあいのなかった出版社からの突然の贈り物に「なんという偶然！」とうれしく思い、ありがたく頂戴しました。ページをめくると飛び込んできたのは、「目の前の仕事に全力をつくす」という言葉。

3・11後、かつて経験したことのない緊張感と使命感の中で、「元気の塊」とも言える私の心身もさすがにくたびれきっていた折、この一言が私の背筋をピンと伸ばしました。

「今、逃げてはいけない」。

まさかその後、私の「共育」経営に大打撃を与える大事件が起こるとは想像だにしていなかったのですが――。

その後、贈り主である大島永理乃さんとのお手紙の往復がきっかけとなり、献本時点では全く予定されていなかった「出版」という寛容なご判断を賜りました。

奇しくも祖国にとっては一〇〇〇年に一度、我が社にとっては一〇〇年に一度という大変な時期。今しか残せないこと、今だからこそ形にできることを執筆させていただく、貴重なチャンスを与えてくださったことに、心から感謝の気持ちでいっぱいです。

四冊目となる拙著を通じて、常日頃からホッピーをご愛飲くださり、応援してくださっているみなさまには、現在のホッピービバレッジのことをお伝えしたいと思い、綴《つづ》りました。また、若き社員の教育に従事されている方々には、教育に関する何らかのご参考になればと思います。そして、私と同じ立場である跡取りの方々、若き経営者の方々、起業を目指されている方々には、マネジメントのある側面から多少なりともお役に立てればと願っています。さらに、男性社会である日本のビジネス社会で頑張っていらっしゃる女性の後輩さんたちには、こんな先輩もいるということが、少しでも励みになれば幸いです。

そして、3・11を経験した日本において「なんとしても生き抜かなければ！」と強く同じ想いを抱いていらっしゃる方々に、「東京・赤坂の地にも、ちっぽけだけれど同じことを想い、もがきながらも使命を果たさんと、必死に生きている存在がいる。時に息を抜きながら、祖国のために共に生き抜きましょう！」というメッセージをお届けできたら、これほど著者冥利に尽きるものはありません。

石渡美奈

二〇一一年師走

プロローグ

二〇一〇年三月六日。東京・帝国ホテル「富士の間」で、『ホッピービバレッジ創業一〇〇周年感謝の集い』を開催させていただいた。

バックステージには、加藤木《かとうぎ》隆《たかし》工場長以下のベテラン・中堅社員と、手塩にかけて育てたピカピカの新卒社員たち。壇上には、今期限りで社長職を勇退する父・石渡光一《いしわたりこういち》。私は自身の入社以来、一四年にわたる苦闘の日々に思いを馳せ、万感、胸に迫る思いだった。

前著に詳しいので詳細は省かせていただくが、かつてお化け屋敷のようだった我が社も、この一〇年で大きく様変わりすることができた。第三創業に向けた新卒採用の定期化に踏み切ったことで、今や全社員の大半は二〇代。若くて活気あふれる会社へと生まれ変わった。〝ぴよぴよ〟だった一・二期生たちも、早いもので入社五年目と四年目。若さと元気だけが売りの「新入社員」から、勇気と知恵が加わった、若き獅子さながらの「若手社員」としてのとば口に立っている。

「新卒採用の初期の数年はなかなか社員が定着しない。全員退職ということもよくあることだから、心して取り組むように」

ご指導くださった株式会社武蔵野の小山昇《こやまのぼる》社長や兄弟子たちからは、口を酸っぱくして言われた。しかし実際には退職率も低く、社員との関係も良好。チームワークもよく、業績も順風満帆だった。ところが、喜びがいつの間にか慢心に変わっていたようだ。

当然、凪《なぎ》がいつまでも続くはずがない。

創業一〇〇周年パーティー、翌月の三代目就任という一連のセレモニーが終わった翌月、予期せぬ事件が勃発した。「ホッピー五月ショック」である。

意図しない、若手社員の言動が引き金となったお客様先への出入禁止事件と、突如の売上ダウン。この二つを契機に、

「社長の言っていることがわからない」

「自分の仕事が、会社の何につながっているかわからない」

新卒組の若手社員を中心に、〝わからない病〟が社内を蔓延し始めたのだ。

社員一人ひとりとの距離の近さや絆の太さを自負していたのに、まさかこんな声があがるとは。私は大きな衝撃を受けた。

なぜ、このような事態が起こるのだろう――。

常にこのことが頭から離れることはなく、同時に社員の様子が気になり、私は苦しんだ。

結果、残念ながら今夏、断腸の思いで大量の退職者を出すことになった。体力の小さい

我が社では大きな痛手と言える。何より、毎年一〇〇〇人を超える応募者の中から、「他でもない、あなただから」という理由で採用させていただき、内定者時代から我が子のごとく育ててきた、可愛くてたまらない社員たちだ。

この出来事をテーマに学んだリーダー研修では、立場も忘れ、みなの前で大号泣。思い出すと、今でも心が疼《うず》き、言葉をなくす。それほど辛い経験であった。

私を支えていた自信（慢心）は、もろくも崩壊。謙虚になり、一から学び直した。以来私は、「人財共育」の難しさをこれでもか、というほどに味わっているように思う。

〝わからない病〟の原因の一つは、私の社長就任にあると分析する。

二〇〇二年以来、父は社長業としての現場の全てをあっさり私に譲ってくれた。そして約七年間、副社長として社長代行業を務めさせていただいた。「社長と副社長では見える世界が大きく変わる」と諸先輩方より言われていたものの、すでに社長のような毎日を送っていた。そのため、いざ肩書きが本当の社長になると決まった時も、「何が変わるんだろう？」「大して変わりはしないだろう」と、高《たか》を括っていた。

ところが実際、社長の座に座らせていただくと、一夜にして世界が全く一変。

たとえば、お取引いただいている金融機関様との関係である。副社長時代、融資交渉や月次決算報告などは担当しても、銀行様からの連絡先は父だった。それが、私に電話がかかるようになった。「お会いしたい」と訪ねてくださる先も私。「何かの時は直接連絡が取れるように」と、支店長様や法人営業部長様といった上席の方々の携帯番号が次々と私の携帯に登録されていった。この変化は、「社の代表として見られている」との自覚を促した。そして、気持ちの上でも大きく変わっていることに気づかされた。

もともと責任感は強いタイプだと自負している。副社長時代から、自分にも社員たちにも決して甘くはない経営者であったと思う。そして、トップの座に座らせていただいたという自覚は、この責任感をさらに強めたようだ。

それまでは、やはり父の会社という思いがあった。かなり自由にやらせてもらっていたが、それでも父がノーと言ったら、その瞬間ストップするという考え方でどんな仕事も進めていた。そういえば聞こえは良いのだが、実はいざという時の自分自身の心の逃げ場、言い訳の場にしていたのだ。

創業者である祖父の命日を選んで開催させていただいた創業一〇〇周年のパーティーで、父は見事に勇退の場を飾った。ご来場いただいた三〇〇名近いお客様全てのお心をわしづかみにする感謝の言葉を述べた後、「若き社長と彼女を支える若い社員たちのことをどうかよろしくお願いいたします」と深く一礼をし、静かにコックピットを離れた。

何とも言えない品格と重みの漂う勇姿に、会場からは拍手万来。たくさんの方々に「この社長のお嬢さんなら大丈夫だ」「やはりあの社長あってのお嬢さんの活躍だったんだね」と声をかけていただいた。もちろんうれしいお言葉だったが、娘としては心中複雑だったことを告白する。

父の存在がこんなにも大きく、立派に見えたのは初めてだった。その姿が私に大きな気づきを与え、最後の覚悟を決めさせた。

父が残してくれた大きくて立派な飛行機と、搭乗してくださっている満員のお客様、そして私を信じ、第三創業の立ち上げにその人生を預けて力を貸すと言ってくれた、たくさんの未来あふれる乗組員（社員たち）、陰から強く温かく応援してくださっている社員のご家族を目の前に、心が大きく震えた。祖父と父の、ホッピーに人生をかけた尊い生き様を無駄にせず、ホッピーを愛してくださっている多くの方の期待に応え、信頼してくださっているみなさまの人生の助けになりたい。そして、その鍵は私の手に託された――。

一九九六年、ホッピービバレッジへの入社を自ら申し出た時、すでに不退転の覚悟は有していた。しかし、二〇一〇年三月六日を境に、おへその下辺りに、覚悟以上の何か、「揺るぎない信念」のようなものが備わったような気がしている。

「思い」は「言葉」であり、「行動」である。

思いが変わった私の言葉と行動には大きな変化が起こっていたのだろう。

「以前はスルーしていたことをスルーしなくなった」

「以前は許されたことを許してもらえない」

社員たちの混乱と戸惑いの理由である。

二〇〇九年四月、早稲田大学ビジネススクールMOTコースに入学したことも、私を大きく変えた。初の研究活動で、真の意味での「論理的思考」を身につけたのだ。かつて感情ゴリゴリで「熱い想い」だけを武器として語ることを常としていた私は、感情を〝思考〟という言語で翻訳し、これまで苦手としていた〝図〟などのツールも活用して〝ストーリーとして〟伝える術を知った。生物の進化である。

「近頃、社長に叱られても理路整然としていて『あ、そうだよな』と思っちゃう。ぐうの音も出なくなってしまいました」と、秘書室兼広報の石津が口にするようになった。この変化も、大多数の社員にとっては、またもや私との距離が離れる不安要因となったようだ。

そして襲った3・11。この経験もまた、このタイミングで〝ホッピー三代目〟というリーダーの座についた私の、日本人としての使命を強烈に自分自身に刻み込む経験となった。

まさに「天啓」。

蝶が羽ばたく時、そのかすかな空気の揺れは大気中を伝わり、やがて地球の裏側でトルネード（竜巻）を引き起こすと言う。

創業一〇〇周年という奇跡の節目、三代目就任、早稲田への国内留学と、一〇〇〇年に一度と言われた3・11。エポックメーキングなことが、まるで計算されたかのように時期を同じくして一気に起こった。

セレンディピティ。

全てが必然。

我が社に起こった出来事のどれが欠けても、ホッピービバレッジ第三創業は始まらなかった。まさに全てがそろった第三創業。ホッピーミーナ新体制の「起因」と成り得たと素直に感謝している。

前著に記してきたように、二〇〇六年、工場長の加藤木から「全社員の総意である」と辞表を突きつけられた〝加藤木の乱〟を始め、私が三代目を継ぐまでの準備期間も、我が社は多くの波乱に見舞われてきた。そして三代目のバトンを受け取った瞬間、嵐はさらに勢力を増したどころか、連続台風のごとく、これでもかと襲いかかるようになった。

「私に社長は務まらないかもしれない」

「新卒採用をベースにした経営改革は、やはり厳しかったのか？」

現実を前に、気の強い私にも時折、不安が駆け抜ける。

波乱の収まらないホッピービバレッジは、果たして本当に成長しているのだろうか？
さて、真実やいかに——。

技術は真似されても、育てた社員は真似できない

~老舗ベンチャー・ホッピービバレッジの人財〝共育〟実践記~

HOPPY BEV.
100th Anniversary

第三章　成長を実感できる人財育成プラン

第五章　次の100年を創る決意

第一章
ホッピービバレッジの3・11

ミーナ・シップ視界良好、三六〇度異常なし

二〇一一年三月一一日。その日は珍しく、夕方まで赤坂の本社にいる予定だった。当たり前のことだが、社内で最も時給単価の高い私が社内にいては、ただでさえ限られた経営資源の無駄というもの。

そのため、私がゆっくりと会社にいることは、ほぼない。

営業に同行してのお客様訪問、トップセールス活動の一環としての講演活動や広告塔としてのプロモーション活動、私が心血を注ぐ人財育成事業としての、社員や内定者研修の立ち会い、私自身の学びの時間。おかげさまで現在、四三年間の人生の中で最も時間に余裕がないと感じるほど、毎日が「ご充実様」に過ぎている。

そして社内にいる日は、朝から打ち合わせや取材などの予定が、分刻み状態でぎっちり。やはり「ご充実様」である。

私のタイムマネジメントは秘書室兼広報の石《いし》津《づ》香《か》玲《れ》良《ら》が担当してくれているが、私の時間をいかにひねり出すか、そして隙間時間の活用の質をいかに上げるか、これは、我が社

における最も難しい仕事の一つと言って間違いはない。

彼女が秘書の仕事に従事して一年。難易度の高いところで相当揉まれた実践が何よりのトレーニングになったのか、近頃では、かなりその腕を上げてきた。

そのうち、彼女自身が「日本一忙しい経営者のタイムマネジメント術」などというタイトルで本を出せるのではと思うくらいだ。

一分一秒の刹那《せつな》も無駄にすまいとばかりに生きる私のビジネスの場は、まさに「戦場」。たとえば出張からの帰り、羽田空港に着くやいなや、「ただいま到着、これから会社に戻ります」と帰京報告も兼ねて石津にメールを送る。

すると「はいっ！　では、ただいまより戦闘態勢に入ります！」というような返事が半分冗談まじりに返ってくる。

どうやら、社内であろうと外に出ようと、私が近くにいるだけで、社員にとっては、そこが「戦場」と化すらしい。

イメージは、映画『プラダを着た悪魔』だそうだ。

――話がいきなり脱線してしまった。

三月一一日は、二〇一二年度新卒採用の役員面接の初日だった。

ついに六年目に突入した新卒採用プロジェクトは、私の仕事の中で一、二を争うプライオリティの高さにある。

いわばホッピー三代目経営の生命線だ。

しかし、そんな難しいことはさておき、単純に、若い学生たちとのふれあいが楽しい。残念ながら大量に採用することは叶わないので、我が社を受けてくれる多くの学生さんとは一期一会のご縁なのだが、彼らの真剣で真摯な姿勢から学ぶことも多いし、時に学生ならではの珍事件が発生することもあり、これはこれでまた楽しい。何より、我が社の未来を共に創っていく新たな仲間との出逢いの場だと思うと、踊る心を抑えられない。

私はいつもに増して、ワクワク感いっぱいに過ごしていた。

そしてこの日は、私が籍を置く早稲田大学ビジネススクールの成績が交付される日でもあった。何度も挫折しそうになりながら、必死で食らいついたビジネススクールの授業。私は「ホッピービバレッジの第三創業のための戦略」を研究テーマとし、お客様や社員の全面協力のもと、なんとか修士論文提出まで漕ぎつけた。血の汗をかいて仕上げた修論だけに、なんとか合格はいただけるだろうと勝手に思っていた。だが、仮に合格がもらえなかったとしても、もう一年、学生生活が味わえると思えば、それも悪くはないかもしれない。でも、やっぱり仲間と卒業したい……。

少しドキドキしつつ様々に思いを巡らせながら、この日は、夕方から早稲田に出かけて成績をいただき、その後は苦楽をともにした同級生たちと、高田馬場の居酒屋に繰り出すことになっていた。視界は良好、三六〇度異常なし。社内は雲の上で安定飛行に入ったような、平和的な空気に包まれていた。

ぴよぴよたち五名と迎えた、一四時四六分

突然、大きな揺れを感じたのは、会長室でポスターの打ち合わせをしていた時のことだ。一四時四六分、会長室に並べてあったホッピーや地ビールなど、弊社製品の瓶が一斉にガタガタと騒ぎ出した。

「危ない！」

思わず立ち上がって棚の上の瓶を抑えたが、揺れは収まらないどころか、どんどん激しくなっていく。

「これはいつもの地震と違う」

恐怖感がよぎった。まずは何が起こっているのかが確認したくてたまらない。こともあろうか、私はお客様を会長室に置き去りにしたまま、テレビのニュースをチェックしよう

と、本社ビル上階の自宅に上がってしまった。

家に一歩足を踏み入れると、そこは目も当てられない有様だった。万年筆が大好きな私は、廊下に万年筆のインク瓶のコレクションを飾っているのだが、そのインク瓶が割れて吹っ飛び、廊下全体が蒼いインクの海と化している。「これはあとで母に怒られるな」と思いながら、今はそれどころじゃないと、そばにあったタオルを当てるだけ当てて、ダイニングへ。そちらは、食器棚の扉がパタンと開いていた。幸い食器は無事だったが、バカラのシャンパングラスだけがきれいに割れている。七年間つきあって一年前に別れたばかりの、元カレからもらったいわくつきの品だ。

――この巡り合わせはなんだろう。厄落《やくお》としかな……？

非常事態に直面すると、動揺して妙に冷静になる瞬間があるが、まさにそんな感じ。

「これからどうなるのだろう？」

時間とともに膨れる不安を感じながら、バカラのシャンパングラスが割れ散っていた風景と、あの時心に浮かんだ感情は、今も妙に鮮明に印象に残っている。

慌ててテレビのスイッチを入れると、レインボーブリッジの先のお台場で火の手が上がっている。テレコムセンター付近のビルで火災が発生したらしい。まだ、東北を襲った津波の一報は入っていなかったが、いずれにせよ尋常でない事態が起こっていることだけはわかった。

私が最初に考えたことは、ビルの五階にいる社員たちを外へ出したものかどうか、ということだった。すると、

「ビルの三階以上にいる人は、外に出ないで、中で待機してください！」

テレビ局のアナウンサーの声が耳に飛び込んできた。

言われてみれば、ホッピービバレッジ本社ビルがある赤坂は、大都会・東京でも有数の繁華街。下手に社員をビルの外に出して、落下する建物の破片の下敷きになったり、交通事故にでも巻き込まれたりしたら大変なことになる。祖父が遺してくれた本社ビルは年季が入っているが、祖父が守ってくれて持ちこたえるに違いない。今は社員をビルの中に待機させて情報収集をしながら様子を見よう、と決めた。

オフィスに戻ると、私の心配に反し、新人社員たちは冷静かつていつになくテキパキしている。サポートセンターの石井亜由美《いしいあゆみ》がショーケースの中の瓶を箱詰めしたり、管理部門の松下《まつした》まり子《こ》がサーバールームの機器をガムテープで固定したりと、まるでスイッチでも入ったかのよう。「おー、なかなかやるじゃない」と、社員の成長ぶりに目を細める私。

最初の揺れから一時間ほど経った頃だろうか。秘書室兼広報の石津が突然、こう叫んだ。

「社長！　この部屋、今、社長と新卒組しかいません！」

ハッとしてフロアを見回すと、私以外に入社二～四年目の女子社員五名のみ。中堅・ベテランや男子社員たちはみな出払って、外出先で足止めを食らっていた。

男性は前線でお国のために戦い、女・子ども・家を守る……。まるで戦時中のようだと思った。正直、男性社員がいなかったことは少し心細かった。しかしそんなことは言っていられない。協力して家を守り、そして今こそ、私が社員たちの心のよりどころにならなければならない。勇気を奮い立たせ、脳みそをトップギアに入れた。

延々一四時間！　前代未聞の帰宅作戦

地震発生から時間が経ち、ようやく余震がおさまると、みな一斉に電話の受話器をとった。手分けして、外出中の社員の安否を確認するためだ。

幸い、社内回線でつながる調布工場とは早々に連絡がついた。これほどの揺れにもかかわらず、人にも設備にも奇跡的に被害はなかったという。ホッとして、調布工場と工場勤務の社員のことは工場長に任せた。問題は赤坂の社員たちだった。震災の混乱で回線がパンクしたらしく、営業職の携帯電話にはなかなかつながらない。募る不安。そうこうするうち、外出していた社員がポツポツと帰社し始めた。みな、心なしか表情が青ざめている。

「外の様子はどう？」

「街が荒れ始めています。なんだか怖いです」

東京都内では、すでに大混乱が始まっていた。道路渋滞で車が立ち往生し、クラクションの音がけたたましく飛び交っている。鉄道や地下鉄も全面運休し、駅から吐き出されたおびただしい数の乗客が、車道にまであふれていた。どこかで火事でもあったのか、辺りにはキナくさい煙の臭いも立ち込めているという。

白状すれば、社員の前で平静を装ってはいたが、足がずっとガクガクしていた。でも、そうは言っていられない。この子たちを守り抜くのが今の私の使命だ。

さあ、どうしよう。社員を帰すべきか、会社に留めるべきか、その判断が重かった。

そこで、社員に意見を聞いてみた。みな口をそろえて「帰りたい」と言う。それならと、「全員帰宅」を当面の目標とすることにした。

とはいうものの、すでに公共交通機関は全面マヒ状態。そこで一計を案じた。

「今、会社にある営業車は？」

と聞くと、

「五台です！」

と、返事が返ってきた。

営業車で全員を自宅まで送り届けよう。私の心は決まった。営業車で出発すれば、いざという時、いつでも会社に戻ってくることができる。本社と連絡を密にとりあえば、何があっても手立ては講じられるだろうという読みもあった。

最近の報道を見ると、大規模災害で帰宅難民になった時は、「無理して帰宅せず、職場に留まったほうがいい」という論調が主流のようだ。たしかに、全員一斉に車で帰宅すれば、渋滞もひどくなるし、途中で二次災害や停電、騒動に巻き込まれる危険もある。だから、この時の私の判断は、必ずしも正しかったとは言えないかもしれない。

だが、この時は、社員たちが少しでも勇気を持てる環境を作りたかった。生まれて初めての経験に、冷静を装ってはいても、実は恐怖でいっぱいになっているであろう。ましてや、まだまだ子どもの域を脱していない。

「家に帰ろう！」

私の声にみな、うれしそうな表情を浮かべた。それが原動力となり、社員たちは驚くべき団結力を発揮し、「全員帰宅」というゴールに向かって、一斉に走り出したのだった。

「交通ルールが混乱し始めている」というので、車のドライバーには一人の例外を除いて男性社員を選んだ。ベテラン男性社員一名と〇八年入社の営業男子三名、そして〇八年入社の女性営業・浅見季美子《あさみきみこ》。浅見は、いざという時の冷静な判断と安定感では男性並みだ。
○九年入社の桜井めぐみからの一報、「ガソリンスタンドが並び始めている」という情報をキャッチするやいなや、彼らは会社を飛び出し、車のガソリンを満タンにして帰ってきた（この初動も正しかったと、後で知ることになる）。社員の居住エリアごとに車を班分けしようとするが、動転している私は考えがまとまらない。そこでここぞという時、冷静かつ正しい判断を下す、○九年入社の松下にバトンをパス。班分けと一番効率的な帰宅ルートは、彼女を中心とする○九年入社組が割り出してくれた。
「必ず家の前まで送る」

「車を降りない」

「勝手に一人で行動しない」

帰宅途中での混乱や危険に巻き込まれるのを避けるため、いくつかルールを決め、社員と固く約束を交わす。

ぴよぴよ社員を満載した営業車が次々と出発したのは、夕方六時過ぎのことだった。

とはいうものの、すぐに渋滞に巻き込まれ、大変な思いをしたようだ。

二時間ほど経った頃だろうか。各営業車に連絡すると、まだ三宅坂や表参道の辺りをウロウロしているという。ふだんなら、赤坂からは車で五～一〇分もあれば着く場所だ。とにかく道路が混んでいて、にっちもさっちもいかないという。

——うーん、これは判断が間違っていたか。

にわかに心配になり、全ての車に電話を入れた。

「渋滞に巻き込まれてイライラするのもなんだから、戻ってくるなら戻っておいで」

すると、みな口をそろえて「渋滞を我慢してでも、家に帰りたい」と言う。電話口から伝わってくる車中の雰囲気は、まるでピクニック帰りのような明るさだ。

「そんなに会社に戻るのがいやなの？」

苦笑しつつ、いったん送りだした以上は静観するしかない。

「全員の無事帰宅を見届けるまで必ず起きているし、会社もあけておくから」

そう伝えて、私は経理担当の唐澤舞《からさわまい》と二人、会社に待機して様子を見守ることにした。

社員が一つになった日

○七年入社の唐澤は、記念すべき新卒採用一期生の一人。新卒組の中では古株の「お局《つぼね》」。近年、辺りをなぎ払うほどの威厳をますます身につけたと評判である。

なんの因果か、この日は唐澤の「入籍記念日」。愛するダンナ様と食事をするため待ち合わせて一緒に帰ることになっていた。しかし、震災勃発で急きょ、予定変更。

そこに、大渋滞から途中で営業車での帰宅をあきらめ、一人で本社に戻ってきた石津が合流。この三人をメンバーとして、夜八時頃、「ホッピービバレッジ東日本大震災対策本部」が立ちあがる。

三人で手分けして、刻々と変わるテレビとインターネットの情報をチェック。一時間ごとに、帰宅する社員を乗せた五台と、横浜で大渋滞にはまったマネージャーの車との合計六台と連絡をとりながら、状況確認と情報発信を続けた。

そうこうするうちに、深夜に「電車が復旧する」という一報が入った。渋滞にハマって疲れ切っていた帰宅組は、一斉に「電車で帰りたい！」と言い出した。

だが、待て、待て。電車が復旧しても、今動けば駅に人が殺到してパニック状態になる。

「今、動くのは危険。絶対に車から離れないで！」

「正しい情報をとるため、すぐにカーラジオをつけて！」

司令塔の私たちは、夜通し必死になって指令を発し続けた。私たちには、正しい情報を発信してみんなを守る責任がある。対策本部の三人もまた命がけだった。

そのうち、上野駅で足止めを食っていた入社二年目の営業・水流《つる》康文《よしふみ》が、ようやく動き出した地下鉄銀座線に乗って本社に戻ってきた。

「こういう時は、男性がいたほうが心強いよね」

そんな我々の熱い期待を知ってか知らずか、水流は本社に戻った途端にダウン。

「もう、水流さんたら！」唐澤も石津も苦笑い。寒い上野駅で立ち往生し、一人で心細い思いをしていたのだろう。〝パワフルな三人のお姉ちゃんたちに押され気味な末の弟〟のような組み合わせで夜を明かした。

結局、前代未聞のミッションが完了した頃には、空はすっかり明るくなっていた。

最長不倒距離を走破した営業課長（当時）の藤咲正《ふじさきただし》が、ようやく本社に帰ってきたのは翌朝の八時頃。延々一四時間、藤咲は一睡もせずにハンドルを握り続けたのだ。震災でゴーストタウンと化した東京砂漠でヒナたちを無事に家に届けるために。藤咲以下、ドライバーを務めてくれた社員には、本当に頭の下がる思いだった。

「一四時間あれば、ニューヨークまで行けちゃったね」

そう言って笑い合いながら、不適切な表現ではあるが、私は一つの達成感、喜びを感じていた。

あの晩、私たちは一つだった。

誰一人、自分のことだけを考えて行動する社員はいなかった。

「こんな時だからこそ、みんなで心を一つにしようよ」

そんな陳腐なセリフで鼓舞しなくとも、

「社員一人残らず、無事に家まで送り届ける」

という目標に向かって、誰もが自然に心を一つにしていた。

全社員の半数以上が入社一～四年目（二〇一一年三月当時）で構成される我が社。確かに社員たちの仲は良いが、まだまだ保育園の園児たちの仲の良さの域を出ない。

それだけに、前代未聞の有事にこれほどの団結力を見せてくれたばかりでなく、対応の前線で新卒組の社員たちが活躍してくれていたことは、うれしい驚きだった。彼らの成長を感じ、感無量だった。

いわゆる長寿企業の特徴の一つに、「社員の心が一つになる」というのがあるそうだ。その意味では、我が社も確かに長寿企業だと改めて思い、作ろうとしても作りがたいこの規範を大事にしたいと、私は決意を新たにしていた。

世界で一つだけ。代わりのない飲み物、ホッピー

3・11が私に気づかせてくれたことは、それだけではない。震災後に交わしたお客様との会話は、ホッピーの使命を改めて考え直す好機となった。

震災翌日の土曜日、私は父の車に同乗して神奈川方面に向かっていた。横浜に住む母方のいとこの結婚式に出席するためだ。この時はまだ、原発事故の詳報も入っていなかったので、結婚式は予定通り行われることになっていた。

車中から、私の現在の師匠である渡辺《わたなべ》昇《のぼる》先生に電話をすると、先生はこう言われた。

「どうでした、そちらは大丈夫でした?」

「おかげさまで、会社も工場も大丈夫です。社員も無事でした」

すると、先生は私にこう問い返してきた。

「お客様は大丈夫でしたか?」

言われてハタと気がついた。ああ、そうだ。お客様!

ホッピーを扱ってくださっているお客様は、酒屋様や問屋様、飲食店様などが中心だ。

こうした会社の倉庫には、ホッピーをはじめ、アルコールや清涼飲料水のガラス瓶が大量に積み上げてある。今回の地震では、おそらく相当な被害が出ていることだろう。

私はあわてて携帯電話のアドレス帳をチェック。ふだんから親しくさせていただいている取引先の社長様に、片っ端から電話をかけ始めた。

あるお客様に、震災見舞いの電話を入れた時のことだ。

「震災の被害はいかがでしたか」

「いやあ、大変だよ。瓶が割れちゃって、倉庫がグショグショなんだよ。ところで、ホッピーさんはどうだった?」

「おかげさまで、工場も奇跡的に無傷でした。昨日も予定通り生産を終了したので、月曜日に予定通り出荷させていただきます」

「いやあ、それはよかった。ホッピーが無事でよかった」

そして——お客様が言われた次の言葉を、私はおそらく、生涯忘れることはないだろう。

「ホッピーには代わりがないからね」

思いがけない言葉が、私の心にさざ波を立てる。

「ホッピーを看板にして生計を立てている店は、いっぱいあるでしょ。こういう店では、ホッピーの供給が止まると、生計が立たなくなる。ホッピーがダメならビールでいいってわけでは決してないんだよ」

受話器から聞こえるお客様の声は、大きく重たく、私の心に響いた。

おかげさまで、都内や東京近郊では、ホッピーを看板に営業されている飲食店が少なくない。こういうお店では、ホッピーの供給が断たれたとたん、売り物の一つを失ってしまう。でも、ホッピーの焼酎割りは世界で一つだけ。文字通りオンリーワンの飲料だということを、お客様は教えてくださったのだ。

それを聞いて、私はどんなにうれしかったことか。

「倉庫の片づけをお手伝いしましょうか」

申し出た私に対してお客様は、

「いや、自分たちのことは自分たちでやるから、大丈夫。ホッピーさんはとにかく自分の会社のことをしっかりやってよ。何はさておき、商品を無事に届けてくれることが一番。ホッピーを絶対に絶やさないでよ」

こう言って背中を叩いてくださったお客様は、一人や二人ではなかった。

そうか、ホッピーには代わりがないんだ。こんなに多くの方々の人生と深く関わっているんだ。そういうことなら、絶対に工場を止めるわけにはいかない！

一種の使命感のようなものが、高圧電流のように全身を走り抜けた。私は調布工場に電話すると、さっそく檄を飛ばした。

「かくかくしかじかこういうことだから、絶対に何があっても生産を止めちゃいけない。こんな時こそ欠品や事故品を出さないように。いつも以上に気をつけていこうね！」

大手メーカー様が（お客様に対して）当たり前のようにできて、私たちにはできないことがたくさんある。せめて、こうしてお役に立てる時は、精一杯お役に立ちたい。

3・11に続く3・12は、私と我が社にとって、忘れられない記念日となった。

「そうですね！　やります！」

加藤木工場長も二つ返事だった。

心地良いやりとりに、

「この場をやりぬこう！」

私の心に火がついた。

震災直前に新生産ラインが稼働！　調布工場の奇跡

今、思い返してもつくづく不思議なのだが、調布工場には、天の配剤としか言いようのない出来事が続いていた。

震災当日、震度五強の揺れにもかかわらず、調布工場は奇跡的に無事だった。生産ラインはもちろん、建物や倉庫にも被害はない。ベルトコンベアや倉庫の中にひしめく大量のガラス瓶さえ、一本たりとも割れることはなかった。地盤のよさが幸いしたのか、建物の耐震構造がしっかりしていたのか、工場はタイル一枚はがれることはなかった。

むしろ大変だったのは、震災が起こる直前のことだ。

その前年から、一〇〇周年記念プロジェクトとして、工場の新生産ラインの建設が続けられてきた。調布工場に従来の三倍の生産能力を持つラインを新設し、本格的な増産体制を敷くことになったのだ。

そして、創業記念日にあたる二〇一一年三月六日、ついに新生産ラインが竣工。「第三世代感動工場」は本番稼働の日を迎えた。

工場次長の森禎悟《もりよしのり》から私あてに電話が入ったのは、その三日後のことだ。

「新しく入れた機械のなかに、うまく動かないものがあります。少しの間、一部を古い機械に戻したいのですが」

開いた口がふさがらないとは、このことだ。鳴り物入りでスタートした新生産ラインに、たった三日で見切りをつけるなんて！　新生産ラインに投じた莫大な資金を考えると、涙が出そうだった。

　工場の新生産ライン立ち上げは、一〇〇年の歴史の中でも久々の大事業だ。今の場所に工場を新設移転したのが、一九七〇年。もう四〇年以上も前になる。今では工場の立ち上げを経験した社員が残っていないから、多少の戸惑いはわからないでもない。新しく購入した機械には中古もあり、機械の一部が破損するなど、いろいろトラブルもあったらしい。だが、新生産ラインは巨額の先行投資のたまものだ。銀行への借入金の返済は、一日も待ってはもらえない。

「ふざけるな、この間の立ち上げセレモニーは何だったんだあ！　新ラインを一日も止めてはいかん。こういう時は徹夜してでもやりぬくのが責任というものだ！」

　私は盛大に雷を落とした。実は止められない事由を抱えていた。今回の調布工場リニューアルにあたっては、設備投資をめぐって相当な確執があったのだ。

　事の起こりは二〇一〇年一月。創業一〇〇周年にあたり、従来の三倍の生産能力を持つ新ライン建設が決定された。

　ところが、プロジェクトを進めるうちに、加藤木工場長は職人気質をいかんなく発揮して、新ラインの生産能力をどんどん上げてしまった。それも、社長の私と十分に相談することなく、一人でどんどん事を進めてしまったのだ。

結局、私が何も実情を知らされないまま工事は進み、一一億円の工事予算はいつのまにか約一・五倍、我が社の年商のほぼ半分に値する額にふくらんだ。だが、発注済みの請求書が来てしまった以上、もう後戻りはできない。私は泣く泣く、銀行に理解を仰ぎ、追加融資をお願いするほかなかった。

「加藤木さん、私をつぶすおつもりですか？」

私は工場長につめ寄った。悪気がなかったとはいえ、自分勝手に会社の屋台骨を揺るがす事態を招いたことを、私はどうしても許すことができなかった。それからの半年間、加藤木とは一言も口を利けなかったほどだ。それだけの苦労を重ねて、ようやく本番稼働に漕ぎつけた新生産ラインである。それが「うまく動かないから元の機械に戻す」と聞かされた時の、私の怒りをご想像いただけるだろうか。

ともあれ、「新生産ラインを一時的に止めたい」という申し出を私が一蹴したことで、製造部門も腹をくくったのだろう。不眠不休でトラブルシューティングを続けた結果、機械を止めることだけは免れた。

そんなところに、３・11が起こった。

もし、あそこで新生産ラインを止めていたら、工場の生産や商品出荷にも影響が出て、お客様にご迷惑をおかけしたことだろう。もし、あの時私が妥協していたら、ホッピーに期待を寄せるお客様を裏切ることになったかもしれない。

従来の三倍の生産能力を持つ工場が稼働すれば、震災で商品不足に苦しむお客様の多少なりともお役に立つことができる。現に、他のアルコール飲料を一時的に入手できなくなった福島の酒屋さんからは、「ホッピーを定番で扱いたい」というありがたいお話をいただいた。

ありがたかったことはまだある。震災後の電力不足で日本中の工場が生産縮小に追い込まれた際、調布工場がある調布市西部は、東京電力による計画停電の「対象外地域」に指定された。結局、ホッピービバレッジ調布工場は、震災の影響をほとんど受けることなく、お客様のもとに商品をお届けすることができたのだった。

今回の一連の出来事は、経営者としてブレない軸を持ち、信念を持って突き進むことの大切さを教えてくれた。社長である私が妥協すれば、それは欠品や品質低下に直結し、ホッピーに対するお客様の信頼を失ってしまっただろう。「何が何でも新生産ラインを動かす」という不退転の決意を私が示したことで、工場のメンバーも覚悟を決めてくれた。おかげで、「ホッピーには代わりがない」と言ってくださる、たくさんのお客様を裏切らずに済んだのだ。お客様に迷惑をかけないためにも、経営者は絶対にブレてはいけない。この黄金律を、私は心に深く刻みつけた。

それと同時に、今回のことでは、何か不思議な力が働いている気がしたのも事実だ。そもそも、まるで予期したように、絶妙なタイミングで工場の増強が完了したことを一体どう説明すればいいのだろう。

調布工場にまつわる一連の出来事を、偶然と片づけることは簡単だ。だが私には、こうした不思議な暗合《あんごう》の数々が、ただの偶然とはどうしても思えなかった。「身を正してホッピーを作り続けなさい」という神様からのメッセージだと、謹んで受け止めている。

聞きかじりの情報に翻弄されるぴよぴよ社員たち

調布工場と比べると、赤坂本社の状況は日増しに悪化していた。社員たちの心には余震が続き、目に見えない亀裂を作り始めていた。

赤坂本社にいると、インターネットやツイッターを通じて膨大な情報が流れ込んでくる。営業職は営業職で、外回りのたびに、号外やうわさ話をたっぷり仕入れて帰ってきた。

「A店さんは、お客さんもアルバイトも来ないから、店を閉めるらしい」

「B店さんは、電車が止まって帰れなくなるといけないから、今日は店を早じまいして帰ると言っていたよ」

なにしろ、猫の額ほどのスペースしかない赤坂本社。ヒソヒソ話はいやでも耳に入ってくる。新卒のぴよぴよ社員たちは、社会経験が少ない分、聞きかじりの情報に翻弄されてしまいがちだ。相手の話から真意を汲み取ったり、行間を読んだりすることができず、言葉尻だけをとらえて流されてしまう。

こんな時は、経験豊かなベテラン社員が少ないのが裏目に出る。そのうち、福島の原発事故の状況が次第に明らかになると、社員の間に目に見えて動揺が広がった。

「雨に濡れると、放射能に汚染されるらしいぞ」

「毎日こんなことをしていて、大丈夫なのか」

「日本はどうなっちゃうんだろう」

一日ごとに、職場全体を重苦しい空気が覆っていく。社員の間に不穏な空気が広がっていくのを、私は内心、不安を濃くさせながら見守っていた。

事件が起こったのは、そんな矢先のことだ。

私は震災の数日後から、取引先の飲食店への同行営業を再開していた。それを非難する声が、営業の間から一斉に上がったのだ。

「お客さんはみんな、早く帰宅したがっている。なのに、社長が遅い時間に店に伺ったら、帰れないじゃないか。そんなの非常識だ！」

ヒナたち、巣から黄色いくちばしをそろえてブーイング。

集中砲火を浴びたのは、私と同行した社員だった。たしかに、震災後は出社禁止の措置をとる企業が続出し、早々と店じまいをする店舗も増えている。テレビでは連日、被災地の悲惨な状況が伝えられ、福島原発事故も深刻さを増していた。情報の洪水にさらされて、若い彼らが不安に思うのは当然かもしれない。

それでも、がんばろうとしているお客様だっているのよ。

社員たちの、子どもの域を出ない視野の狭さに、教育係長である自分のふがいなさを感じて言葉を失った。

赤坂本社の近所に、「花《はな》でん」という創作料理のお店がある。手作りの家庭料理が評判の、大切なお得意様だ。ここのママが震災以降、パッタリ客足が止まったと嘆いていた。

震災から数日が経ち、夜の町に客が戻り始めた頃のこと。海江田《かいえだ》経産相（当時）が記者会見で「予測不能な大規模停電が発生する可能性がある」と発表した。これを受け、都内の多くの企業で帰宅命令が出たのをご記憶の方も多いだろう。三月一七日の午後のことだ。

「あれでまた、パタッとお客さんが来なくなっちゃったのよ。お客さんが来てくれないなら、私たちのほうから、お客さんを探しに行かなきゃね。お弁当でも作って売り歩こうかと思ってんのよ」

そう言って、困ったように笑っていたママの顔が目に浮かぶ。

大企業ならともかく、飲食店はお客様に来てもらってナンボの商売である。企業の自粛モードに直撃されて、にぎやかだった赤坂の町はシャッター街のように閑散としていた。店に来てもらうのが迷惑だなどと、思い違いもはなはだしい。自粛が蔓延して一番困っているのは、当のお客様なのだ。

「世の中の自粛モードのおかげで、飲食店はどこも商売あがったりで困っている。私たちが行って飲食すれば、お客様はとても喜んでくださるはず。こういう時こそ力を合わせ、せめて私たちにできることでお力になろうとせずに、どうするの？」

腹立たしさと社員の幼さに対する情けなさが込み上げる。それでいて、私は心底、若い彼ら、彼女らのことが心配だった。彼ら自身も、何を信じていいかわからない状態だったのだろう。心の中にポッカリと開いた深淵《しんえん》が、彼らを飲み込もうとしているのがわかった。まるで土の中から真っ黒な手が出てきて、社員を地中に引きずり込んでしまいそうだった。

――頼むから、うちの社員を連れていかないで。

祈るような気持ちで念じながら、私はみんなの顔を見つめていた。

臨時ワークショップを開いて社内の動揺を収拾

3・11以前の日々が桃源郷《とうげんきょう》のようにすら感じる祖国の大変化に、もちろん私も不安を感じていた。そしてこの未曽有の事態に、祖父でも父でもない、私が新米社長として直面しているのだ。一つでも意思決定を間違えれば、社員をとんでもない方向に連れて行ってしまう。これまで感じたことのない異質な緊張感とプレッシャーが、とても重かった。

しかし、それ以上に、営業職を中心とした若い新卒採用組が動揺しているのを見るのはつらかった。内定者研修の頃から手とり足とり教育し、私が手塩にかけて育てた社員たち。その彼らが3・11で見事なチームワークを発揮してくれたのを見て、ようやくここまで来たか、この様子なら一丸となって震災も乗り越えられる、と考えていた。

ところがここへ来て、震災ショックがボディブローのように効き始めている。このままではいけない、社員の心のブレを早く修正しないと、手遅れになってしまうかもしれない。危機感に突き動かされて、私はその日のうちに、メーリングリストで全営業職にトップメッセージを送った。

「今、この日本の危機にあたって自分が何をやりたいのか、自問自答してください」

このお題について、よくよく考えてくるよう宿題を出した。営業職全員に招集をかけ、臨時ワークショップを開いたのは、翌日の午前中のことだ。

「みんなが悲しいのも、怖いのもわかる。でも、外で見聞きしたことは事実。でも、信《しん》憑《ぴょう》性があるかどうかはわからない。こういう時こそ、自分のスタンスを明確にしないといけないよね。でないと、流されてしまうよ」

若い社員を諭しながら、私はじっくり彼らと話し合った。

迷いにとらわれた時は、自分と向き合う時間を持つことが大切だ。何かに対してネガティブな感情を抱いた時、人は自分の外側に原因を求めがちだ。だが、よくよく探ってみると、自分自身の不安や恐怖に原因があることが多い。そんな時は、自分をしっかり見つめ直さなければ、強風に翻弄されて、糸が切れた凧《たこ》のようにどこまでも飛ばされていってしまう。若い営業社員たちは、ワークショップで自分の不安と改めて向き合い、それぞれが自分なりの結論を出してくれた。

殺伐《さつばつ》とした気分の時には、「胃袋から攻めろ」というのが古来の兵法だ。ワークショップの後、全員そろって、おにぎりと味噌汁のランチを囲んだ。前夜のうちに「花でん」のママに作ってもらい、夜中に大鍋ごと、「花でん」から運んだ特製ランチ。何しろ、うちの社員は食べ盛りだ。四〇個の特大おにぎりは、あっという間に彼らの胃袋に収まってしまった。

震災ショックに最も効果的だったのは、私の語りでもワークショップでもなく、花でんママのおにぎりだったようだ。

こわばっていた社員の顔がほっこりとし、みるみる明るさを取り戻していく。それを見ながら、「お母さんの味って、偉大だなあ」と考えていた。

舞い降りた「天啓」

ちょうどその頃。

私自身の中では、別の超ド級の地殻変動が起こりつつあった。人生の価値観を根底から覆すような、まさに空前絶後の出来事が、地響きを立てて進行していたのである。

震災直後の、夜の赤坂でのこと。

私は同行営業で、社員と一緒に赤坂を歩いていた。3・11の自粛と節電で、赤坂の町は真っ暗。通りからは人の姿も消え、不夜城の赤坂は、正真正銘、ゴーストタウンとなり果てていた。

私は通りを歩きながら「怖い」と思った。赤坂に住んで三五年になるが、そんなふうに感じたのは、この時が生まれて初めてだ。

——終戦直後の日本って、こんな雰囲気だったんだろうな。

そう思った瞬間、私の脳裏に、一つのイメージがありありと浮かんできた。

一面の焼け野原に建つ木造のバラック。夕闇の中に浮かび上がる赤ちょうちんの灯り。粗末なテーブルには男たちが腰かけ、疲労をにじませながら、ホッピーの瓶を傾けている。そんな光景だ。

おそらく私は、敗戦後まもない東京に、タイムスリップしていたのだろう。

その瞬間、閃光のような思いが私を刺し貫いた。

——そうか。これがホッピーなんだ。

全てを失い、ゼロからの出発を強いられた人たち。絶望の中に一縷《いちる》の希望を見出し、明日に向かって歩き始めた人たち。そんな人たちを励まし、支え続けてきたのだ、ホッピーというドリンクは。

時の霊というものがあるならば、おそらく私は、昭和二〇年代という時の霊に憑依《ひょうい》されていたのだろう。七〇年の時の彼方から、誕生まもないホッピーが語りかけてくるような気がした。

ホッピービバレッジの歴史は一〇〇年前に遡る。

明治四三年、祖父の石渡秀《いしわたりひで》は赤坂でラムネ屋を創業。浅草六区を中心に手広く商売を広げた。大正時代に入ると、「ノンビア」という名のノンアルコールビールが大流行し、ラムネのメーカーが次々にノンビア製造に参入。祖父のところにも「ノンビアを作らないか」と誘いがかかったが、調べてみるとこのノンビア、とんでもない代物だった。ホップの代わりに泡立て剤と苦味のエッセンスを混ぜた、ビールとは名ばかりの「まがいもの」だったのだ。

当時の状況を考えると、それも致し方のないことだった。国内で栽培されるホップは大手メーカーの独占状態。中小メーカーが独自にホップを仕入れる道はほぼ閉ざされていた。そもそも原材料が入手できないのだから、本物のビールが作れるはずもない。

「まがい物なんか作ったって、しようがない」

と祖父は言い、頑として首を縦に振らなかった。

ところが、ラムネ事業を長野で展開したことをご縁に、祖父は長野県のホップ農家からホップを分けてもらえることになった。

「本物の素材が手に入るのなら、本格的に醸造技術を学んで、本物のノンアルコールビールを作ってみよう」

さっそく都内の醸造試験場で勉強を開始。戦争による一時中断はあったものの、昭和二三年、ついにホッピーの製造販売に乗り出す。

時あたかも終戦直後。物資不足で闇市が横行していた。庶民は酒を手に入れることもままならず、ましてやビールなど高嶺《たかね》の花。「飲んだら目がつぶれる」といわれた工業用メチルアルコールを、失明覚悟で飲むほかはなかった。

そんな時代に、本物のホップと麦芽を使ったホッピーが登場したのだから、人々の喜びやいかばかりだっただろうか。「ビールのような味がする」「ビールより安くて早く酔える」「ホッピーで割ると、まずい酒も美味しくなる」と、ホッピーはたちまち評判になり、戦後の東京で一大ブームを巻き起こした。ホッピーは戦後の焼け跡で生きる日本人に寄り添い、憂き世を生きる人々の支えとなったのである。

父から聞かされて育った、ホッピー誕生秘話。その映像が、ゴーストタウンと化した赤坂の光景と重なり、私の中でスパークした。七〇年の歳月は一瞬にして溶け去り、私の中で一つのものとなった。

私たちは今、一〇〇〇年に一度と言われる未曽有の大災害に直面している。そして、この国の復興には二〇年の歳月が必要だと言われている。では、ホッピーの役割とは何だろう。今またここで、再び多少なりともニッポン人の心の支えになることではないか。そう思い至った時、震災翌日に聞いたお客様の言葉が、私の心の中で銅鑼《どら》のように鳴り響いた。

「ホッピーには代わりがないからね」

そうか、そうだったのか。

その瞬間、磁場がぐらりと揺らぎ、全てが一瞬にして結びついた。ホッピービバレッジと私の人生に、コペルニクス的転回が起こった瞬間だった。

ホッピーがあるからこそ、国の復興と再生に貢献できる

それは天啓《てんけい》にも似た、強烈な体験だった。

考えてみれば、３・11を機に、不思議なシンクロニシティ（意味ある偶然の一致）が続いている。マグニチュード九・〇の大震災に遭遇したにもかかわらず、調布工場は無傷ですんだ。おかげで生産や出荷に支障をきたすこともなく、ホッピーは終戦直後と同様に、人々の乾いた喉をうるおしている。

そして今、私たち日本人は、震災で荒廃した町の復興に乗り出し、疲弊した社会をゼロ

から立て直そうとしている。全てを失い、復興に生きる人々を支えるという使命を、ホッピーは再び担うこととなったのだ。

これはなんという巡り合わせだろう。数奇と言うほかない偶然の一致に、私は鳥肌が立つ思いだった。

我が社に限って言えば、震災に遭遇したタイミングも絶妙だった。これが一年前なら、社長就任直後で新体制の地盤固めも十分ではなく、社員があれほど気持ちを一つにすることはできなかったかもしれない。私自身も、震災後に続いた社内の〝余震〟にどうしていいかわからず、立ち往生してしまっていたかもしれない。

もし、ビジネススクール修了前に震災に遭遇していたら、継続して学業に専念することは難しかっただろうし、調布工場の増産計画も先延ばしになっていたかもしれない。

私も四三歳。これからが、経営者として最も脂がのる時期だ。オーナー経営者としての在任期間が約二〇年とすれば、日本の復興期の二〇年とほぼ重なる計算になる。

この時期に居合わせたことが、単なる偶然ではないように思えた。おこがましいようだが、ホッピー三代目には、「日本の復興を支える次世代リーダーの一人として生きる」という使命も含まれているのではないか。家業を通じてこの国の復興と再生に全身全霊で関わっていくこと、それが自分の宿命であり、使命なのだと思わずにはいられなかった。

だとしたら、自分は何をすればいいのか。

答えは自明すぎるほど自明だ。

私の使命は、「ホッピーを軸として、お客様にとって、安心・安全な商品を創り続けること」。そして、「人と人との関わりの中で学ばせていただいたことを、それが多少なりともお役に立つのであれば発信し続けていくこと」だ。

もしホッピーという商品がなかったら、ホッピーミーナも存在しない。どんなに使命感に駆りたてられたとしても、自分は無力だっただろう。ホッピーという商品があるからこそ、自分は多少なりとも、この国の復興と再生のために貢献できるのだ。

この時ほど、我が社がもの作りの会社であることのありがたみを実感したことはない。「ああ、ホッピー屋でよかった」という感慨が、心の底から湧いてきた。これがきっかけとなり、私は改めて、ホッピーの醸造技術の重要性に注目。ひいては、加藤木工場長との半年にわたる確執を終わらせることになるのだが、その話はまた後ほど。

価値観のコペルニクス的転回を経験したわずか半月後の四月八日に、「第六八期ホッピービバレッジ経営計画発表会」を迎えた。

経営計画書の大枠は、一月の段階でほぼ完成している。3・11を経て、改めて内容を確認したところ、全社戦略そのものを書き直す必要はなさそうだった。

しかし、「なぜこれを全社戦略と位置づけたか」という核心の部分が変わっている。戦略の意義そのものが変わったからだ。

実は、予感をしていたかのように序文を書けないでいた。ところが、3・11が私にペンを取らせた。そして一気に書き上げた。ホッピーが終戦後の復興の支えになったこと、その史実こそがホッピーの一〇〇年を貫く企業精神であること、今こそその原点に立ち返る時だ、と書き、最後にこう宣言した。

「第六八期、ホッピービバレッジは国の復興と再生の一翼となり得る『良い現場づくり』に向けてさらに心血を注ぎます」

結局、全ての修正が完了したのは、本番のわずか数日前。

印刷が間に合わないので、上から修正用のシールを貼ることにした。見た目は不格好だが、社員たちには許してもらおう。切り貼りの跡は、新たなホッピー一〇〇年の礎となるDNAを継承したことの、揺るぎない証なのだから。

被災地に向けて、ホピトラ始動！

復興支援の取り組みについても、少しだけご紹介しよう。

我が社の被災地支援は、ホッピー専用の運送トラック、通称ホピトラから始まった。

「被災地に物資を届けたいが、その手立てがない。協力してくれないか」

ホッピーの物流をお願いしている運送会社ソニックフローの西脇昌《にしわきまさる》社長のもとに、そんな話が舞い込んだのは、震災直後のことだ。

男気にあふれた西脇社長は、すぐに快諾。震災四日後には、社長自ら被災地の石巻に飛んだというから、さすがは私の大好きな西脇さん、こんな時は本当に頼りになる。

東京に戻った西脇社長から、

「ホピトラで被災地に支援物資を運んだ」

という話を聞き、我が社としてもお手伝いさせていただくことになった。

——被災地にお酒なんか持って行ったら、不謹慎かな。

若干の懸念を抱きつつも、先に現地を見てきた西脇社長の「きっと喜ばれる」の声に背

ホッピーや食料のほか、毛布、コピー機、自転車などあらゆるものをホピトラに載せ、東北を往復した。

中を押され、自社製品のホッピーと地ビール、ガラナなど約五〇ケースを寄贈することに。

　そして、ホッピーと言えば「焼酎割り」だ。私は信頼する経営者の大先輩、佐々木酒店（高田馬場）の佐々木《ささき》実《みのる》社長に事情を話し、焼酎を提供していただけないかとお願いした。

　といっても、タダで提供してもらおうというのではない。この頃、震災後の自粛ムードのあおりで、都内の業務用酒販店は通常の二、三割もの売上減にあえいでいた。そこで、取引先支援も兼ねて、焼酎はきちんと購入させていただくつもりだった。ところが、

「何言ってるんだよ、こういう時はお互いさま。損して徳をとる。これが商いだよ」

　水くさいなあ、と言わんばかりに、佐々木社長は5ケースもの焼酎を、ポンと寄付して

くださった。本当に、私の周囲には素敵な男性が多い。たとえ自分の会社が大変であっても、他の人の窮状を黙って見ていられないばかりか、誰よりも先に行動される人ばかりだ。

こうして、ホピトラは支援物資を満載し、一路、被災地の東松島市へ。

津波に押し流された町の惨状は、想像をはるかに超えていた。地震で陥没した県道、港から住宅地まで流された漁船、大きくねじ曲げられた線路、そして町全体を埋め尽くす膨大な瓦礫。ホピトラの復興支援部隊は、思わず、眼前の光景に息を呑んだという。

荒涼とした被災地を、ホピトラは支援物資を乗せてひた走った。

ようやく現地に到着したものの、震災直後とあって、被災地では続々と集まる支援物資をさばくゆとりがないという。そこで西脇社長は一計を案じ、避難所の人たちと直接交渉して、トラックのそばで〝青空市場〟を開くことにした。積み荷を広げて、被災者の方々に自由に持ち帰ってもらうことにしたのだ。

さっそく荷下ろしを始めると、避難所から次々に被災者の方々が集まり、作業を手伝ってくださった。そして、積み荷の中にアルコールを発見するやいなや、にわかに荷下ろし作業がヒートアップ。作業はテキパキと進み、積み荷はあっという間になくなった。

被災地にアルコールを届けることには不安もあったが、フタを開ければ大好評。懸念は見事な杞憂に終わった。

聞けば、被災地のスーパーでは、買い物にも時間制限が課せられ、買える品目も「五品目まで」と決まっているらしい。おのずと、生活必需品を買いそろえるのが優先で、お酒などは後回しになってしまう。しかし、「こういう時だからこそ、お酒が欲しい」と思うのが人の心。そんなこともあって、お酒の寄贈は大変喜ばれたようだ。

勇気を持って決断をして良かった。ホッピーもささやかながら、被災地のお役に立てたのかもしれない。私はホッと胸をなで下ろした。

ちなみにホピトラは、一度見たら忘れられないと言われるほど、ド派手なラッピングが特徴だ。ポップなデザインのホピトラが被災地に入ると、

「お、すごいのが来た」

と、カメラを取り出して撮影を始める人もいたという。パステルカラーのホピトラは、ほんのわずかでも、被災地に元気を届けることができたのかもしれない。

ホピトラは支援物資を乗せて、今日も〝東奔北走〟を続けている。

「ホッピーdeいきぬこう作戦」始動！

震災で苦しむ人々のために、我が社にできることはないか。「ホピトラに続け」とばかりに、〝ミーナ・シップ〟も本格的に復興支援に動き出した。

その一つが、三月末に立ち上げた「ホッピーdeいきぬこう作戦」だ。これは、ホッピーの売上の一部を義捐金として寄付し、被災地の復興に役立ててもらおうというもの。被災地支援のための作戦であることはもちろんだが、実はそれだけではない。

この「いきぬこう」という言葉には、二つの意味を込めた。

一つは、この困難に立ち向かって「生き抜こう」。

もう一つは、頑張りすぎた日には、ホッピーでゆるりと「息を抜こう」。

震災後の日本では、燎原《りょうげん》の火のように自粛ムードが広がった。被災地の人が苦しんでいる時に、旅行やレジャーに出かけるなんて不謹慎。花見を楽しむのもいけない、ましてや酒を飲んで浮かれるなど問題外。こうして、各地の繁華街からは人の姿が消えた。節電で夜の東京都心は暗闇に閉ざされ、荒涼とした雰囲気が漂っていた。

テレビや新聞では毎日のように、津波に襲われた被災地の悲惨な状況が伝えられている。こんな時に浮かれ騒いだり、飲んだくれて憂さを晴らすなどとんでもない。被災者の方々の苦しみに共感して、自分も行動を慎もうと考える日本人の感性は、きわめて健全であり良識的だと思う。

だがそんなつらい時期だからこそ、時には息を抜くことも必要ではないだろうか。酒とは、人と人とをつなぐ最良のコミュニケーションツールだ。たまには赤ちょうちんにフラッと立ち寄り、お酒を飲んでホッと一息。うまい酒肴《しゅこう》で一杯やりながら、「これからどうしていこうか」と、心ゆくまで思いの丈を語り合いたい。そう感じるのは、きわめて自然で人間的な欲求ではないだろうか。

言い知れぬ不安が日本国中を覆っているこの時期に、なんとか安心して飲める雰囲気を演出できないものか。それが、「ホッピーｄｅいきぬこう作戦」を始めたもう一つの動機だった。

それにつけても、ホッピーがたどってきた運命は数奇と言うほかない。

初代の石渡秀は、戦後の復興期に生きる日本人を励まそうと、本物のホップと麦芽を使ったホッピーを発明。二代目の石渡光一会長も、戦後の高度成長に終焉をもたらした二度のオイルショックを経験している。そして三代目の石渡美奈は、一〇〇〇年に一度の規模と言われる東日本大震災に直面し、再び、日本の復興と再生に立ち合うこととなった。
なんという偶然、巡り合わせだろうか。

戦争、経済危機、そして震災。ホッピー創業家三代が、わずか一〇〇年の間に、日本の近現代史に深く刻まれるような国難に直面している。ホッピーは生まれながらに、日本の復興を裏で支えることを運命づけられている、と改めて思った。

その意味では、ホッピーは夫婦の相方のようなものかもしれない。「夫婦とは苦しみを半分に、喜びを二倍にする存在」という言葉があるが、考えてみればホッピーも同じだ。歴史をたどれば、運命の理不尽に苦しむ人々、人生の軛《くびき》を背負って生きる人々のそばにいつも寄りそってきた。

今は生きていくのも大変だけれど、一日一日を大切に生きていこう。そして、いつかはこんな人生を生きてみたい。そう夢見る人たちのそばに、ホッピーはいつも寄りそう飲み物でありたい。そんな思いから生まれたのが、「ホッピーdeいきぬこう作戦」だ。震災後の紆余曲折を乗り越え、ようやく動き始めた〝ミーナ・シップ〟。我が社の本格的な復興支援は、こうして始まった。

3・11を機に、おいしいホッピーを作る決意を新たにした我が社。日本の復興と再生を裏で支えていく。

赤坂から被災地にエール！「赤坂きずなフェア」

震災後、潮が引くように人の姿が消えた夜の町。震災見舞いをかねて得意先回りをすると、飲食店のお客様は、苦しい胸の内を打ち明けてくださる。

だが、〝自粛不況〟のさなかにあっても、ホッピーを扱ってくださるお客様はあくまでも前向きだ。

「震災があったからって、下を向いてばかりはいられないよね」

「いつまでも意気消沈してうなだれていても、何も始まんない。自分のできることを精いっぱいやるだけさ」

ちょうど、我が社でも震災の〝余震〟が続いていた時のこと。若い社員の間で波紋のように動揺が広がり、得体の知れない不安が社内を蝕《むしば》んでいた。そんな折、暗い世情の中でも前を向いて生きようとするお客様の言葉に、私もどれだけ励まされたかわからない。

「過度の自粛モードは日本経済を疲弊させる。ふだん通り、旅行や食事にどんどん出かけましょう」

ようやく巷《ちまた》でそんなことが言われ出したのは、桜吹雪が舞い散る頃だろうか。被災地支援を継続していくためにも、３・11以降、すっかり冷え切った東京の経済を立て直さなければならない――そんな思いから、我が社の地元・赤坂でも被災地支援の動きが始まった。

事の発端は、赤坂の街起こしを目的に、地元の若い経営者や赤坂にある企業の方々、商店街のメンバーで構成されている〝赤坂ひよこクラブ〟の仲間の間で、「赤坂でも何かやりたいね」という話が持ち上がったことだ。そこへ追い打ちをかけるように、地元っ子を驚かせるニュースが飛び込んできた。この三月で廃業するグランドプリンスホテル赤坂が、被災者の方々の避難所として提供されるというのだ。

「赤プリ」の愛称を持つこのホテルは、バブル期の赤坂の繁栄を象徴する存在でもある。当時、「クリスマスイブには、カップルで赤プリに泊るのが最高！」などともてはやされたものだ。その〝伝説のホテル〟も、時代の変化とともに閉館を余儀なくされた。それと入れ替わりに、震災で大変な思いをされた方々が避難して来られるという。

せっかく被災者のみなさんが赤坂に来られるのなら、ぜひとも気持ちよく過ごしていただこうじゃないか。すっかり冷え込んだ赤坂の町をイベントで盛り上げ、売上の一部を義捐金として寄付しよう。話はトントン拍子に進み、五月一六日から二八日にかけて、「赤

坂きずなフェア」が開催されることとなった

当日は、赤坂の飲食店が参加して東日本の食材を使ったメニューを提供する「赤坂きぼう食堂」や、被災地の商品を販売する「復興支援フェア」などを開催。どのような形で被災地支援をするかは、各店舗の自由である。

フェア開催にあたっては、不肖ホッピービバレッジも事務局を担当。地元に密着した老舗飲料メーカーとして、「赤坂きぼう食堂」への参加店舗を募るという重大なミッションもいただいた。我が社の営業が涙ぐましい努力を重ねた結果、実に我が社のお客様の中から一二〇店舗ものご協力を仰ぐことができた。

フェア前、イベント参加へのお礼も兼ねて、私は社員と共に得意先を挨拶回り。一ツ木通りなどのメインストリートから路地に至るまで、足を棒にして歩き回った。

こうして歩いてみると、赤坂もけっこう山あり谷あり、小さな路地が迷路のように入り組んでいる。そして、通り沿いや路地の奥にひしめく、個性豊かな飲食店の数々。そのどれもが、実に味わい深くて吸引力のあるお店ばかりなのだ。

ウーン、さすがは和と洋、歴史と時代の最先端が共存する我が街・赤坂！　赤坂育ちのホッピーミーナもすっかり脱帽しながら、数日をかけて一二〇店舗全店にご挨拶に伺うことができた。そして赤坂を思い、国を思い、頑張っていらっしゃる素敵な店長様に触れ、ますますホームタウンが好きになったような気がする。

疾風怒濤の日々――そして混乱は続く

振り返れば、3・11からの二カ月間、ありがたいことに目立つ被害がなかったとはいえ、我が社もまた疾風怒濤《しっぷうどとう》の真っただ中にあった。

震災と福島原発事故の発生、そして赤坂本社の動揺と収拾。混乱の中の「第六八期経営計画発表会」。そして、被災地支援のために立ち上がったさまざまなプロジェクト。

この二カ月間は、まるで数年分をジューサーにかけて濃縮したような、恐ろしく濃密な時間だった。

なぜ、私たちはホッピーを作り続け、ホッピービバレッジという企業を継承していかなくてはならないのか。その点については、もはや毛筋ほどの迷いもない。困難な時代を生き抜き、日本の復興と再生を支えるというＤＮＡを、ホッピーは生まれながらに宿してきたのだ。

今こそ、そのＤＮＡを正しく、しっかりと全社員で認識しなければならない。この天啓は、揺るぎない信念となって、これからの一〇〇年を支えてくれるだろう。

これで、第三創業の精神的支柱は完成した。あとは、第三創業を私と一緒に支えてくれる社員を、どう育てていくかにかかっている。

だが、その道のりは、けっして平坦ではない。

3・11の当日、私はたしかに、社員の心が一つになっているのを感じた。

ところが、打ち続く余震と原発事故への不安が、社員の心を大きく揺さぶった。そして、マグニチュード九・〇の地震が各地に亀裂や液状化をもたらしたように、社内の不安は、会社の内部に巣食うさまざまな矛盾をあぶり出していく。

では、あれは蜃気楼だったのだろうか。

私はそうは思わない。なぜなら、人も組織も、けっしてリニア(一直線)には成長しないからだ。成長曲線は波形を描いてスパイラルに上昇する。何度も壁に突き当たり、ときには遠回りしたり、脱落したりしながら、それでも必死に前を向いて進むうちに、いつの間にか階段を一段上がっていることに気がつく。

あの時、たしかに「社員の心は一つ」だった。あの時の至福にも似た感覚を、私は忘れることができない。スポーツ選手は、自分が最高のパフォーマンスを達成した瞬間、エクスタシーに近いものを感じるという。その感覚が忘れられず、もう一度味わいたい一心で、厳しいトレーニングに耐えるのだ。だとすれば、あの日の出来事は、神様が私たちにかいま見せてくれた、一つの到達点だったのかもしれない。

ホッピービバレッジを襲った震災後の大混乱も、時間の経過とともに、ようやく落ち着きを取り戻す。〝ミーナ・シップ〟も、とりあえずは暴風域を脱したかに見えた。

だが、凪はけっして長く続かない。

3・11は、来るべき混乱の序章にすぎなかったのである。

第二章

第三創業テイクオフに向けた進化

早稲田大学とのご縁のはじまり

話は、東日本大震災の三年前にさかのぼる。

二〇〇八年四月。波乱の予感は、春風とともにやって来た。

「早稲田大学で開催されている勉強会で一度話をしませんか」と、突然、びっくりするような依頼が舞い込んだのである。

依頼の主は、ヒューマンウェア・コンサルティング株式会社の渡辺昇社長だった。

渡辺社長は、経営品質向上プログラムによる企業変革の第一人者。経営コンサルティング業のかたわら、「早稲田経営品質研究会（WIPE）」を主宰されている。そのWIPEで講師をしませんか、と私に声をかけてくださったのだ。

「経営品質」と聞いて、私のアンテナがピピッと反応した。

実はこのワード、私にとって最強の〝口説き文句〟。「経営品質」と聞くと、私はいてもたってもいられなくなる。

思い起こせば、私が株式会社武蔵野の実践経営塾に参加し、低迷を続けるホッピービバレッジで改革ののろしを上げたのは〇五年。それもひとえに、日本経営品質賞をお取りになった、小山昇社長の経営手法を学びたかったためだ。

——それにしても、なんで私が？

と、目をパチクリさせる私。

早稲田と言えば、言わずと知れた私大のトップスクールだ。不肖、私も「講演」は数を重ねさせていただいている。でも、残念ながら、アカデミックな世界にはトンと縁がない。そんな私が大学で講師だなんて、いくらなんでも、やぶから棒ではないか。

なんでも、その年のＷＩＰＥのテーマが「匠の技」であり、九月の研究会で中小の食品メーカーで歴史がある会社を探していたらしい。それで、ホッピービバレッジの三代目である私に白羽の矢を立ててくださったのだ。そして、以前から渡辺社長は、私の著書や取材記事にも目を通してくださっていたという。

正直に告白すると、私は舞い上がるようにうれしかった。若輩者の私が、天下の早稲田で講演させてもらえるだけでもビックリなのに、私が目指す「経営品質」の勉強会からお声をかけていただいたからだ。将来の目標に大きく一歩近づいたような気がしたものだ。

しかし、「経営品質」をベースにした「早稲田」の勉強会で講師をさせていただく自信はなかった。

ところが、話は思わぬ方向へ転がっていく。

「講演はあなたなら大丈夫だから、よろしくお願いします」

――いつの間にかお引き受けしていた。

「ところで」と渡辺社長。

「あなたの評判も伺っているし、ご著書や記事も拝見しました。あなたはこのままでは、アイドル経営者になってしまいますよ。マスコミにいいように扱われて、用がなくなったらポイッと捨てられてしまう。もし経営者として本当に成長したいのなら、別の角度から経営を学んでみたらいかがですか？」

私は息を呑んだ。それまで漠然と抱いていた不安を、初めてお会いして一時間も経たないうちにズバリと言い当てられたと感じたからだ。みぞおちのド真ん中を、時速一六〇キロの剛速球が直撃した。

いやあ、渡辺社長、おっしゃる通りです。

白旗を揚げた私に追い打ちをかけるように、渡辺社長がおっしゃった。

「もしあなたが本気なら、早稲田で勉強してみませんか」

〝アイドル経営者〟では終わりたくない！

その頃の私は、漠然とした不安に悩まされていた。

二〇〇二年にテレビ東京『ワールドビジネスサテライト』に取り上げていただいてから、マスコミの力も借りながら、私はホッピー・ブランドの認知度を上げていった。〇三年に副社長に就任し、〇七年には初めての著書『社長が変われば会社は変わる！』（二〇一〇年に『ホッピーでＨＡＰＰＹ！』と改題されて文庫化）も出版。テレビや雑誌では「時代の寵児」として扱われ、ホッピーミーナ＝石渡美奈は、パーソナルブランドとして一つの頂点を迎えていた。

マスコミ戦略と社内改革との相乗効果で、売上はなんと七年間で約四倍に。ホッピービバレッジは右肩上がりの成長を続け、劇的なＶ字回復を遂げたと言える。

ところが不思議なもので、業績が伸びれば伸びるほど、私の中で「行きづまり感」が膨らんでいく。著書の出版で、初期の改革に一定の区切りがついたことも影響したのだろう。まるで、階段の踊り場に来てしまったような閉塞感が、私を苦しめていた。

それだけではない。

時代の寵児として扱われることの危うさも、私は十分に感じているつもりだった。

「時の人」＝「時代が去ったら過去の人」。

一時的にマスコミで注目されても、経営者としての実力がなければ、ブームの終焉とともに忘れられてしまう。そうなれば、ホッピービバレッジも再び低迷期を迎え、ホッピー自体も歴史の彼方に消えてしまうだろう。

しかし、そんなわけにはいかない。

しかも、二年後の二〇一〇年の春には、創業一〇〇周年の大イベントが控えている。その時には、私の社長就任も正式に発表される予定だった。

これまでは、ホッピーのブランド回復と、組織と人材改革の基礎作りを御旗に、社長である父の庇護のもと、無我夢中に突進してきた私。しかしここから先、どこへ向かえばいいのか？　それまでずっと快晴だった空が急に曇り、見通しが悪くなった感じだった。しかし、誰にも打ち明けることもできずに悶々とする日々が続いた。

渡辺社長が訪ねてこられたのは、ちょうどそんな時である。

「あなたはこれまでに、年商八億の会社を年商四〇億まで成長させてきた。経営者として、現場で培った経験値は十分におありのようだ。その経験値を、一度、理論の世界でひもといてみたらどうかな」

彼の言葉に、私の心が反応を示していた。

〇三年に副社長に就任して以来、私は現場の改善や社員教育に取り組みながら、経営改革を進めてきた。経験値はそれなりにあるつもりだが、経営理論を体系的に学んだことはない。これまでの経験をアカデミックな面から検証すれば、経営者として一歩先に進めるのではないか。漠然と、そんな予感がした。

「理論値にしろ経験値にしろ、一本の柱だけで会社を支えるのは不安定ですよね。理論値と経験値という二本の柱で支えれば、経営にももっと安定感が出てきますよ」

私の不安を見透かしたように、渡辺社長は二の矢、三の矢を放ってくる。たしかに、彼の言われることには、一つひとつに説得力があった。きっと、渡辺社長自身が、仕事と経営学研究を両立させ、理論と経験の融合を実践して来られた方だからだろう。

――もしかしたら、ここに解決の糸口があるかもしれない。

細いけれどしっかりと銀色に光る一筋の蜘蛛の糸が下りてきたようにすら感じていたのだった。

寺本義也先生との運命的な出会い

勘の鋭い私は、「これだ」と思うと、矢も楯もたまらず、すぐに行動に移すタイプだ。

「ぜひ、お願いします。ビジネススクールで勉強させてください！」

そんな言葉が喉もとまで出かかったが、今度ばかりはさすがの私も慎重だった。

というのも、◯五年に小山社長の実践経営塾に入塾した時、会社を大混乱に陥れた前科があるからだ。

私は会社を変えようと焦り、社員に十分説明することもなく、独裁的に改革を進めた。それが社員の離反につながり、「加藤木の変」としてホッピー史上名高い、工場長の辞表事件を引き起こした。

その時に負った生傷もまだ完全には癒えていないのに、また私がビジネススクールに行くなどと言い出したら、社員はどう思うだろうか。後先考えずに突っ走れば、また大火傷を負ってしまう。

「貴重なお話をどうもありがとうございます。少し、お時間をください」

そう言って、一週間ほど考える時間をいただいた。

だが、何度考え直してもやはり行きたい。もちろん、試験に合格したらの話だが。両親に相談すると、「どんどん挑戦しなさい」と背中を押してくれた。

ダメもとでチャレンジしてみよう。社員たちには理解してもらえるように時期が来たらきちんと話そう。

心を決めた私は、一週間後に渡辺社長に連絡し、早稲田大学ビジネススクールを受験させていただきたい旨をお伝えした。

そして、講演前の予習もかねて、七月の研究会に参加。ここで、私は寺本義也《てらもとよしや》教授と初めてお会いすることに。

研究会の最後の講評で、寺本先生がおもむろに口を開かれた。

「経営には、企業規模や時代、国や地域を超えて共通の原理原則がある。この原理原則を見つけることは、実はそれほど難しくない。企業の成功は、この原理原則を愚直にやり通せるかどうかにかかっている」

そのお言葉が、私の背中をグッと押した。

私の経営方針も「量より質」を追求している。そして、私はこの時伺った寺本先生の「原理原則は万国共通。これを愚直なまでにやり通せるどうかが肝心である」というお話に心が湧き躍った。

「私が追究したい考え方をお持ちのお師匠様だ。ぜひこの方の下で理論という側面から経営を学びたい、もっとお考えを伺いたい！」

私は、寺本先生の門戸を叩くことを決意した。今考えてもラッキーなのは、これが正真正銘のラストチャンスだったということだ。

実を言うと、寺本先生はご勇退間近で、三年後に早稲田大学を退任されることになっていた。今ならまだ滑り込みセーフで先生のご指導をいただくことができる。もしこの時、私が進学をためらっていたら、寺本先生の教えを受けることはできなかっただろう。

それを思うと、今さらながら人の縁の妙味を感じる。

「鉄は熱いうちに打て」「思い立ったが吉日」と、昔の日本人はよく言ったものだ。あまり事を急ぎすぎるのも考えものだけれど、心に火が点った時は、火が消えないうちに行動したほうがいい。

そのほうが、人の縁や運を連鎖的に引き寄せることができる。そして、気づけば、未来の扉がどんどん開かれていくのだ。

中間テストで〝歴代最低点〟一三点をマーク

渡辺社長のご来訪から一年後の〇九年四月。私は晴れて、早稲田大学ビジネススクールに入学することができた。

降って湧いたような話だったので、すぐには学生になったという実感はない。まだ何を学ぶかも未知数で、自分がキャンパスにいること自体が夢のよう。でも、「ここに私の未来がある。次の何かが見えるかもしれない！」と、私の胸は期待ではちきれんばかり。母校・立教大学への愛校心では誰にも負けない私だが、「早稲田ブランド」を担う一員となれたことも単純にうれしかった。

ここで、私が入学した早稲田大学ビジネススクール・ＭＯＴプログラムについて、簡単にご紹介しておこう。

早稲田大学ビジネススクール（ＷＢＳ）は、早稲田大学の経営専門職大学院。一九七三年の発足以来、優秀な人材を数多く輩出してきた、国内有数のビジネススクールだ。

取得学位は全てＭＢＡ（経営学修士号）。だが、コースはＭＢＡプログラムとＭＯＴプログラムの二つに分かれている。経営戦略全般を学ぶのがＭＢＡだとすれば、技術経営に特化しているのがＭＯＴ。ホッピーがものづくりの会社ということもあって、私は寺本義也教授・山本尚利《やまもとひさとし》教授の研究室があるＭＯＴを選んだ。

ＭＢＡとＭＯＴは、パッと見ただけでも違いがわかる。

MOTには企業派遣の学生も多く、三〇〜四〇代の人が多い。かたやＭＢＡは、起業やキャリアアップ転職も視野に入れた二〇代が主力。当然、若くてピチピチ、いやハツラツとした子が多い。ジャニーズのアイドルグループV6の年長組と年少組、トニセン（注：20th Century）とカミセン（注：Coming Century）のような間柄と言えば、おわかりいただけるだろうか。

こうして突然始まった二〇年ぶりの「女子大生ライフ」。気の合う友人も得て、浮かれた学生生活が始まった。

だが、楽しいカレッジライフは、一カ月あまりで打ち砕かれた。

まず、授業の内容がべらぼうに難しい。経済学に至っては、チンプンカンプンを通り越して、日本語かどうかもわからない状態だ。六月の中間試験では、吉川教室始まって以来という一三点をマーク。なんと歴代最低点を更新してしまった。

覚悟はしていたものの、本業と学業の両立も思った以上に大変だった。

当時、授業があるのは、毎週金曜・土曜の二日間だった。月曜から木曜まではフルタイムで仕事をこなしているので、授業の準備にほとんど時間を割くことができない。ところが、授業では専門用語やビジネススクール用語がガンガン飛び交うので、予習しないと授業についていけない。ボヤボヤしていると、あっという間に落ちこぼれてしまう。授業によっては二週間に一度のレポート提出もあり、締め切り前は徹夜の連続だった。

何より衝撃的だったのは、同級生たちがとんでもなく優秀だということだ。

同級生の多くは理系出身で、一流大学の出身者や、他の大学ですでにＭＢＡを取得したような人ばかり。そのせいか、授業中の発言や質疑応答も、実にロジカルで理路整然としていた。教室ではのっけから、「死の谷とダーウィンの海」とか「ＳＷＯＴ分析」とか、聞いたこともないようなビジネススクール用語が当たり前のように飛び交っている。「超」が付くほどの高偏差値集団にいきなり放り込まれて、私は右往左往するばかり。

「本当に、ここでやっていけるのかな」

と、暗澹《あんたん》とした気持ちになった。

寺本・山本ゼミでは、一年目の前期は、三人一組でグループワークを行うことになっている。言ってみれば、研究の手法を学ぶための見習い期間だ。

この年のテーマは、「アサヒビールとキリンビールの海外戦略」。規模こそ違え、ホッピービバレッジも末席に名を連ねる飲料業界が舞台だ。このテーマなら、ホッピー社の副社長である私には難なくこなせるだろう、と思われるかもしれない。

ところが、そう甘くはないのがビジネススクールだ。

そもそも、現場の経験値だけはそれなりにあるものの、物事を論理的に考える習慣がなかった私。グループワークで思考をどう展開していけばいいのか、皆目見当がつかない。かたや同級生たちは、持ち前のロジカル思考で、スイスイと議論を進めていく。

「みんな、すごい……」

私はただただ、茫然とするばかり。

まるで、イルカの集団に放り込まれたカメ状態。華麗にスプラッシュを上げる先頭集団に遅れまいと、荒波に翻弄され、時におぼれかけながら、不器用に手足をバタつかせる。

そんな日々が、半年ほども続いただろうか。

ビジネススクールの二年間で、この最初の数カ月ほどつらかった時期はない。今だから白状するが、本当に何度脱走しようと思ったことか。

ただ、私には退路は残されていなかった。

なにしろ、四〇〇万円もの学費を会社の公費として計上しているのだ。社員に大見栄切って進学した以上、おめおめと逃げ帰ることは許されない。もしそんなことをしたら、私は社員の信頼を永遠に失ってしまうだろう。

何があろうと、「逃げる」という選択肢だけはない。泥まみれになり、地面に這いつくばって、匍匐前進《ほふくぜんしん》を続けるしか道は残されていなかった。

子宮筋腫を発見! 三カ月のホルモン治療を経て手術へ

体に異変を感じたのは、ようやく学校にも慣れてきた五月の初めのこと。

朝、出張先の那覇のトイレでお腹を触ると、皮膚の下でグリッと動くものがあった。

「あ、何かある」

いやな予感がした。でも、病院に行く気にはならなかった。六月の中間試験を控えて、授業も最初の山場を迎えていたからだ。

会社と学校だけでパンク寸前なのに、入院でもすることになったら、と思うと足が進まなかった。出血も痛みもないのがかえって災いし、ズルズルと時間だけが過ぎてゆく。母や経験者である親友に何度も背中を押されて、ようやく赤坂の山王病院を訪ねた頃には、もう蝉しぐれの季節になっていた。

そして、診察の結果は「子宮筋腫」。

堤《つつみ》院長によると、子宮筋腫というのは「良性の腫瘍《しゅよう》」だという。がんになることはまずないと聞いて、ひとまずホッと胸をなでおろした。

でも、筋腫を摘出するためには手術が必要だ。ふつうは開腹手術をすることが多いが、この治療法だとお腹の筋肉や臓器に広範囲にメスを入れるので、回復するまでに半年はかかるという。

「会社も学校もあって、半年も療養していられない！」

というわけで、術後の回復が早い「腹腔鏡《ふくくうきょう》手術」でお願いすることにした。

腹腔鏡手術というのは、お腹に小さな穴を開けて、そこからカメラと特殊な手術器具を入れ、モニターを見ながら筋腫を切り取る手術のことだ。開腹手術と比べると、体にかかる負担が少ないので、一週間ぐらい入院すれば仕事に復帰できるという。

ところが、ＭＲＩで調べてみると、意外な問題が発覚！　なんと筋腫が大きすぎて、そのままでは腹腔鏡手術では取りきれないという。

そこで、手術の前に三カ月間ホルモン治療を行い、筋腫を小さくしてから手術をすることになった。子宮筋腫は女性ホルモンの過剰分泌によって起こる病気なので、女性ホルモンを止めてしまえば、筋腫は自然に小さくなる。それで、女性ホルモンの分泌を抑えるためにホルモン剤を投与しようという作戦だ。

八月からホルモン治療を始め、手術は一二月と決まった。翌年の三月には、私の社長就任も控えている。この際、酷使しすぎてガタがきた体に油をさし、三代目を引き継ぐ前に身も心もピカピカにしておきたい、という思いもあった。

ところが、このホルモン治療がなかなかのクセ者だった。

なにしろ、薬で無理やり女性ホルモンを止めてしまうので、一時的に更年期障害状態になり、副作用が出てしまう。のぼせやほてり、悪寒や頭痛などは序の口で、なかにはひどいうつに悩まされる人もいるそうだ。

私は幸いうつにはならなかったが、やはり更年期の症状には苦しめられた。それで、寺本先生にお願いしてグループワークを免除してもらい、手術までは治療を優先させることにした。

とはいうものの、心の中は焦燥感でいっぱい。

ただでさえ落ちこぼれ気味なのに、このままでは、ますます同級生との差が開いてしまう。秋からはいよいよ自分のテーマを決めて、本格的に研究を始めなければならないというのに。

ちなみに、寺本・山本ゼミでは、自分の会社の事例を研究テーマにするのが鉄則。「高い学費を払い、仕事を他の人にお願いして来ているのだから、机上の空論ではなく、会社に持ち帰り、会社の役に立つような研究をするべし」というのが、寺本先生のお考えである。

余談だが、世の中には、学生の研究テーマを一方的に決め、その研究成果をそっくりいただいて、自分の名前でちゃっかり論文を発表する先生もいらっしゃるとか。そういう噂を聞くにつけ、寺本先生に師事できたことの幸せを、しみじみと噛みしめる私。

それはそれとして、問題は「研究テーマを何にするか」である。

うちの会社をテーマにするなら、やっぱり人材や組織かな。

そう考えたのは、副社長に就任して以来、人のマネジメントに最も時間も心も割いてきたと言っても過言ではないからだ。ホッピービバレッジを成長させ、仕事を通じて社員が幸せになるためには、どのような人材・組織が必要なのか。研究の漠然とした方向性だけは考えてみたものの、いざテーマを決めるとなると、問題に対する焦点の当て方がわからない。

右往左往する私を尻目に、同級生たちは着々と研究テーマを決め、寺本先生のご指導を受け始めている。

――せっかく寺本先生のゼミにいるのに、このままでは先生のご指導が思うように受けられない！

そんな焦りばかりが募っていく。研究テーマすら満足に決められない自分が、みじめに思えて仕方なかった。

中小企業だからこそ、ビジネススクールで学ぶ意味がある

学業不振と子宮筋腫のダブルパンチで、ＷＢＳ（早稲田大学ビジネススクール）一年目は踏んだり蹴ったり。強いて言えば、「石渡がペースダウンしている今が、追いつくチャンス！」とばかりに社員が奮起してくれたのが、不幸中の幸いだった。

でも、学業のほうで全く収穫がなかったかというと、そんなことはない。

授業は相変わらず難解だったが、授業で先生方が教えてくださることや、ゼミで寺本先生、山本先生がおっしゃることは不思議と理解できた。曲がりなりにも経営者として現場経験を積んできたせいか、先生方の言われることには、いちいち思い当たるふしがある。

「ああ、これは、私が経験してきたことと同じだ。だからあの時、社内であんな現象が起こったのね。」

過去に経験したさまざまなトラブルも、いったん理論のフィルターを通してみると、いろいろと「腑《ふ》に落ちる」ことが多かった。マーケティングから人材・組織論、戦略論、経済学に至るまで、授業のたびに小さな発見がある。

そう、たとえるなら、頭の中に蛍光灯がパンパン、とついていく感覚。それとも、頭の中にある無数の小窓がパタパタと開いていく感じ、と言えばいいだろうか。一つ小窓が開くたびに、そこから太陽の光が射し込み、頭の中から闇が追い払われていく。それは、ワクワクするような経験だった。

思い返せば、副社長に就任してからの五年間、私は会社や社員にとって「よかれ」と思うことをやってきたつもりだ。にもかかわらず、私が改革にやっきになればなるほど、社員の心は離れ、会社は混迷を深めていった。それは、会社の人事・組織がどんな原理原則で成り立っているかということに、私があまりにも無知だったためだ。

ホッピーの宣伝や販促活動にしてもそうだった。お客様やマーケットは、自分の予想通りに動くとは限らない。満を持して打ち出したキャンペーンが空振りに終わり、理由がわからず途方にくれることも多かった。でも、マーケティング理論を学んだおかげで、どこで何を間違ったのか、その勘どころがうっすらとわかるようになった。

授業でわかったことは、つまるところ、

「会社で起こることには全て理由があり、おそらく全てを理論でひもとくことができる」ということだ。

商品が売れないのも、現場の改善が進まないのも、何かしら理由があり、社員がやる気をなくすのも、トップの思いが社員に伝わらないのも、全て理由があるのだ。

そして、それらの現象をわかりやすく解説できる理論も必ず存在する。

「私は会社をよくしたいと思っているのに、社員はなぜわかってくれないの？」

と感情だけで思っているうちは、社員との関係はこじれるばかり。逆に、

「社員に私の思いが伝わらないのは、何か理由があるはず。何が障害になっているのか」

と考えれば、その理由を分析して対策を練ることができる。ビジネススクールとは、現象をロジカルに理解し、立てた戦略に間違いがないのか、理論という側面から検証するところ、とでも言おうか……。

でも、誤解しないでほしい。私は別に、ビジネススクールが万能だとは思っていない。

授業でどんなに理論やケーススタディを学んでも、現場での経験の裏付けがなければ、机上の空論にすぎない。どんなに立派な戦略を作っても、現場での検証を重ねていかなければ、絵にかいたモチで終わってしまう。

大事なことは、理論のための理論ではなく、「現場で起こっていることを冷静に理解す

る」ために理論を学ぶということ。そして、学んだ理論を現場で実践し、検証していくことだ。会社の中で起こっていることは複雑怪奇に入り組んでいて、一見、曖昧模糊《あいまいもこ》としているることが多い。そんな状況を解きほぐし、読み解いていくためには、ロジカル思考はとても強力なツールとなる。

ところが残念なことに、日本の中小企業の間では、「ビジネススクール不要論」がまかり通っている。私もＷＢＳに進学を決めた時には、経営者仲間からずいぶん反対された。

「会社経営で大事なのは、あくまで現場だ。現場から離れて高尚な学問を勉強したって、役に立つはずがない！」

そんな言葉を何度、聞かされたことか。

実を言うと、私も最初は半信半疑だった。

きっと何かがあると信じて進学したものの、ホッピービバレッジのような中小企業に「高尚な」理論が当てはまるのか、今一つ確信が持てなかったのだ。

だが、入学してみてビックリ！

学びを深めるにつれて、ありとあらゆる出来事に関して「腑に落ちる」という経験をした。人事戦略や組織運営しかり、新商品戦略やプロモーションしかり。

うれしかったのは、大企業にはない、中小企業ならではの強みも実感できたことだ。

それは、ビジネススクールで学んだ理論をすぐに会社で実践できるということ。これは、経営と現場が近い中小企業ならでは。大企業には真似できない離れ業ではないだろうか。

「中小企業だからビジネススクールが不要なのではない。中小企業だからこそ、ビジネススクールで学ぶ価値がある！」

と、今こそ、声を大にしてお伝えしたいと思う。

ホッピー流「MOTゼミ聴講作戦」

大学院の夏休みも終わり、さわやかな秋風が吹き始めた頃。修士一年目の後半戦が始まった。経営者兼学生という、二足のワラジ生活の再開である。

月曜から木曜までを睡眠不足で過ごした後、私は金曜の朝を迎える。気分と頭は、まだカンカンに仕事モード。

そんな状態だから、まずは自分の体を早稲田まで持っていくこと自体が「大事業」。大きなカバンに筆記用具や資料、ＰＣを詰め込み、ボーッとしたまま学校に向かう。

教室に着くと、おもむろにカバンから取り出すのは、出がけに母が渡してくれたマグ。

中には、愛情たっぷりの温かいミルクコーヒーが入っている。

一口飲むと、優しい甘さが口の中いっぱいに広がり、体中にエネルギーがみなぎってくる。これが、仕事モードから勉強モードへの切り替えの合図。

こうして、私の熱く厳しい週末が始まるのだ。

最初の半年間が試運転の期間とすれば、後半はいよいよ本番稼働。二年目の修士論文提出に向けて、ようやく本格的な研究がスタートする。

ここで私は、前代未聞の作戦を決行することにした。うちの社員にも、大学院のゼミの聴講に来てもらおうと考えたのだ。

ダメもとで寺本先生と山本先生にお願いしたところ、なんと両先生は快く許してくださった。

「お客さんがいると、心地よい緊張感があるから、かえってうれしいですよ。いつも同じメンバーだと緊張感がなくなりますからね」

とまでおっしゃってくださった。

後でわかったのだが、部外者の聴講が許可されるのは、かなり異例のことらしい。なにしろ、学費を一円も払っていない人間が、大挙して教室に押し寄せるのだ。そのせいで、大枚払って授業を受けている学生が、万一、ゼミに集中できないようなことにでもなったらそれこそ一大事。本末転倒もいいところだろう。

そこで、私はおそるおそるゼミ仲間に相談。すると、先輩方と同級生もあっさり「いいよ」と言ってくれた。超優秀な上に、寛容で懐の深い仲間たち。そして、学業を通じて会社を変えようとしている学生を、本気で応援してくれる先生。

私はなんて、素晴らしい先生と先輩、同級生に恵まれてるんだろう。ありがたく、そして大感激だった。

ところで、私はなぜ、あえて社員にゼミを聴講してもらうという〝暴挙〟に打って出たのか。それにはこんなわけがあった。

何度も引き合いに出すようで恐縮だが、きっかけは〇六年の「加藤木の乱」。

私が株式会社武蔵野の小山社長との出会いをきっかけに、「実践経営塾」に通い始めたことは前にもふれた。現場の改善を学んだ私が、ろくに説明もせずに改革を進めたところ、私の独走ぶりに社員が猛反発。思いつめた工場長の加藤木が、全社員を代表して辞表を提出するという大事件があった。

結局、小山社長の仲介でその場は収まったのだが、社員が本当に改革の意味を理解してくれるようになったのは、「私と社員が共に学んだこと」がきっかけだった。幹部社員を武蔵野の「幹部実践塾」に送り込み、私が何を学んでいるかを知ってもらったことで、ようやく社員にも私の真意を理解してもらえたのだ。

二度と同じ轍《てつ》は踏みたくない。辞表事件の二の舞はゴメンだ。

そこで、私は一計を案じた。百聞は一見にしかず。ビジネススクールの授業に、最初から社員を「巻き込む」ことを思いついた。

こうして、ホッピー流「大学院ゼミ聴講作戦」が始まった。

とはいえ、ゼミの聴講は業務命令ではない。経営者の私がいくら笛を吹いても、社員にその気がなければ、けっして踊ってくれない。最初のうちは、聴講に来る社員は一人か二人。それが、日を追ううちに、だんだん数が増えていった。

影の功労者は、当時入社二年目の秘書・石津。

「副社長のゼミの発表は、聞きに行った方がいいよ」

と、社内で宣伝して回ってくれたのだ。

WBSに入学した後の私の変化を、肌で感じていたのだろう。後から聞いた話だが、「戦略」や「組織能力」など、これまで使ったことのない言葉を使うようになり、書いたこともない図を書いて説明するようになった私を見て、何か変化を感じたと言う。そして、「このままでは置いていかれる、なんとかしなきゃ」と急に焦りを感じるようになったらしい。

石津は秘書であると同時に「広報」でもある。いわば、副社長である私の言葉を翻訳し社内外に伝える立場だ。その自分が、私の言葉を理解できないということが、人一倍、生真面目な彼女には耐えられなかったのだろう。

そんな彼女にとって、ゼミの聴講の話は「渡りに船」だった。なんと言っても、私のゼミの発表を聞けば、会社の経営方針や私の考えがわかるのだから。そう思ってゼミを聴講し始めたのだが、その面白さに、すっかりハマってしまったようだ。

内容もさることながら、会社ではイバッている副社長が、ゼミではメッタ切りにされることも、さぞかし見ものだったに違いない。こんなことを言うと、

「そんなんじゃ、ありませんよ！」

と、怒られそうだけれど。

とにかく、石津が啓蒙活動をしてくれたおかげで、次第にリーダークラスの社員が聴講に来てくれるようになった。

社員の協力で研究を乗り切る

寺本・山本ゼミの大体の流れは、以下の通り。

まず、初回の研究発表で先生方のご指導を仰ぎ、次回の発表に向けて、課題と方向性が決まる。それに沿って、先行研究や参考文献に目を通し、次の発表で再び先生のご指導を仰ぐ。このプロセスを繰り返すことで、研究を一歩一歩進めていくのだ。

私たちの時、ゼミの発表は一カ月に一度。直前の一週間は、不眠不休で発表の準備に取り組まなくてはならない。とにかく睡眠時間がとれないので、発表が終わると、精も魂も尽き果てた状態になる。ボロ雑巾のようにくたびれた私を見て、社員も驚いていたようである。

本業とゼミを両立するにあたって、ちょっとだけ困ったことがあった。

ゼミでは、寺本先生と山本先生にご指摘いただいたポイントが、次の発表の起点となる。このため、学生は先生の話をレコーダーで録音し、後でテープ起こしをすることが必須となる。

ところが、会社の仕事で忙殺されている私には、テープ起こしをする暇がない。最初はなんとか手書きのメモですませようとしたが、なにしろ、両先生の講評は珠玉の言葉のオンパレード。ビーズ細工のようにきらめく言葉がぎっしり詰まっているので、とても筆が追いつかない。

この状況をなんとかしようと、仲間うちで始めたのが「速記ごっこ」だ。誰かが指導を受けている間、他の同級生がメモをとり、その内容をメーリングリストで共有することになった。名付けて「幸せの共有」。

そのうち、ある日突然、石津が自主的にテープ起こしを請け負ってくれるようになった。これなら、テープ起こしの原稿と仲間のメモにザッと目を通し、あとはポイントと思われる個所にマーカーを引いておけばいい。彼女の作るテープ起こし原稿のおかげで、毎回の発表資料作成に弾みがつき、ありがたかった。

彼女にしてみれば、秘書としての責任感に加えて、自分の勉強にもなると思ったのだろう。テープ起こしをすると、キータッチを通じて、文章の内容が脳裏に刻まれる。授業や経営方針に対する自分の理解も自然と深まるので、勉強熱心な彼女には一石二鳥だったのだと思う。

そんな無手勝流《むてかつりゅう》のビジネススクール活用法を、先生方もけっこう面白がってくださったようだ。

寺本・山本ゼミでは、ゼミの後に、西早稲田の居酒屋で「放談会」が開かれるのが恒例だ。ありがたいことに、先生は聴講に来たうちの社員まで誘ってくださる。最初は借りてきた猫のようだった社員も、慣れてくると大胆になり、先生方にいろいろと質問するようになった。ご熱心にお答えくださる先生方に、社員たちも大喜び。

「おいおい、この子たち、学費を払ってないのに僕に質問してくるよ」

と、思わず苦笑いされるほど、先生方を慕っていた。

今思えば冷や汗ものだが、非常識スレスレの厚かましいお願いに、よくも応えてくださったものと思う。そんなわけで、寺本先生と山本先生、ゼミの先輩方と同級生、そして後輩たちには今でも頭が上がらない私だ。

カッコ悪い姿をあえて社員に見せる

ところで、私が社員にゼミを聴講させた話をすると、たいていの人が目を丸くしてこう言う。

「よく、社員にそんな姿を見せられるね。経営者って、社員にカッコ悪いところは見せたくないのが普通じゃないの？」

言われてみれば、社員には相当、カッコ悪い姿を見られた。

なにしろ、授業の厳しさではＷＢＳでも一、二を争う寺本・山本ゼミ。どんなに精魂かたむけて発表の準備をしても、本番では容赦なく寺本先生の袈裟切りにあう。徹夜で準備した資料も、その日本刀のように鋭い洞察力から逃れることはできない。精緻に積み上げたはずのロジックが、前提からガラガラと崩されてしまい、泣きたくなったことも一度や二度ではない。

それでも社員にゼミを聴講してもらいたかった理由は、社員に経営者の〝リアルな姿〟を見てもらいたかったからだ。

経営者はけっして、気楽な思いつきで全社戦略を打ち出しているわけではない。時には血反吐を吐き、時には袈裟切りにもあいながら、難産の末に戦略を産み落としている。

結論に行き着くまでの悩みのプロセスから、寺本先生の珠玉の言葉まで、全てを社員に共有してもらいたい。そのリアルな産みの苦しみを目の当たりにすれば、社員もきっと何かを感じてくれるだろう。

たとえゼミの内容はわからなくても、経営者の本気は伝わるはずだ。その意味では、経営者の苦しみは「隠すよりも見せる」というのが、私の持論。私と社員にとって、ゼミの聴講は「立会出産」のようなものだったのかもしれない。

私が見せたくなかったのは、カッコ悪い自分ではなくて、いい加減な自分だった。だからこそ、徹夜でパワーポイントの発表資料を作り、必死の思いでゼミの準備をした。適当な資料で発表の体裁を整えることだって、できるかもしれない。でも、社員たちに手抜きやごまかすような姿は絶対に見せたくなかった。

ゼミの発表は一回一回が真剣勝負。直前まで資料に手を入れているので、準備が本当に完了するのはいつも発表の三〇秒前だ。

そして、研究発表中の私は、先生のご指導を一つでも多くいただくことに一二〇パーセント集中している。この時ばかりは、聴講している社員の姿も一切、眼中にない。

そんな私の思いが伝わったのだろうか。回を追うごとに、聴講する社員の数も少しずつ増えていった。昨年一二月の最後のゼミ発表では、なんと三七名もの社員が早稲田の杜《もり》に集結。我が社の社員数は、役員をのぞけば五二名だから、実に七割近くの社員が聴講に来たことになる。

こうして寺本・山本ゼミは、なぜかホッピービバレッジの社員でスシ詰め状態になるという、奇観を呈することになった。

これも、考えてみればありがたいお話。

結局、私一人分の学費で、うちの社員も丸々一年半、ビジネススクールにお世話になったと言っても過言ではない。転んでもタダでは起きない!?ホッピー魂。あまりの無手勝流に、卒業直前に先生方からいただいたお言葉は、

「四〇〇万円の学費を、こんなにもしたたかに使った学生は初めてでしょう。あなたほど授業料を有効に使った学生はいませんね」

……だった。

創業一〇〇周年を経て得た覚悟

話が少々、先走ってしまったようだ。

時計の針を元に戻すと、半年間の助走期間を終え、研究をスタートさせたのが一年目の秋。

ところが、研究テーマがなかなか決まらない。ホッピービバレッジの何を研究すればいいのか、さっぱり見当がつかないのだ。

「だから、人事・組織論に関心があったんでしょ」
と、簡単には言わないでほしい。修士論文にまとめるためには、もっと焦点を絞り込むことが必要だ。

論文はエッセイと違って、独特の作法がある。最初から最後まで、一本の筋が通っていないといけない。会社がどんな課題を抱えているのか。それは、何に起因するもので、課題を克服して成長につなげるためには、どんな戦略が必要なのか。データをもとに細かく分析と検討を加えながら、ロジカルに結論を導いていかなくてはならない。

難しいのは、論文は「オリジナルでないといけない」ということだ。

研究の世界では、パクリは厳禁。市販の本からいいところを抜き出して、一丁上がりというわけにはいかない。もし、同じようなことを過去に研究している人がいたら、「先行研究」として採り上げるのが作法。その上で、先行研究を比較検討しながら、自分の研究のオリジナリティを証明しないといけないのだ。

だから、何を研究テーマとするかで、論文の質が大きく変わってくる。

テーマが小さすぎると、論文としてはまとめやすいかもしれないが、会社の現場には「蚊が止まった」ぐらいの影響しか及ぼせない。逆にテーマが大きすぎると、大風呂敷を広げすぎて夢物語を語っておしまい、なんてことになりかねない。

着地点を定めることが、とにかく大変なのだ。まして、私にとって研究活動は初体験なので、全くもってどうしたらよいかわからない。まさに五里霧中状態。

そんなこんなで、悶々とするうちに年が明けてしまった。

何でもそうだが、アイデアというのは机の上でひねり出そうとしても、なかなか向こうからはやって来てくれない。むしろ、必要がアイデアを生むというか、全く別のことをしている時に、突然、ヒラヒラッと舞い降りてくることがある。

この時の私もそうだった。

事態を打開するきっかけとなったのは、ホッピービバレッジ創業一〇〇周年を迎えた二〇一〇年三月六日。

帝国ホテル「富士の間」で「感謝の集い」を開催させていただき、三〇〇〇名の招待客の前で、父から私に社長のバトンが渡された。父は見事なスピーチで会場をわしづかみにし、ものの見事にホッピービバレッジの第二創業期をランディング。そして、静かにコックピットから降りていった。

代わってコックピットに上ったのは、ホッピーミーナこと、石渡美奈。ローカル路線専門の小さな飛行機かもしれないが、超フレッシュな乗務員を乗せた最新鋭機だ。

思い返せば、父はどんなに広い心で、この弾丸娘を見守ってくれたことか。

「これからは、あなたとともにやってくれる人を育て、組織を大きく変えていきなさい」

そう言って、未熟な私に思い切って現場を任せ、三代目を引き継ぐ日のために、七年間の準備期間を与えてくれた。

これまで私が自由にやらせてもらえたのは、コ・パイロット、副操縦士の立場だったからだ。父が計器類から目を離さず、操縦桿をしっかり握っていてくれたからこそ、私はコックピットと客室を自由に行き来することができたのだ。

これからは、操縦桿を握るのは、社長であるこの私。

「落とせないよね、この飛行機」

何とも言えない感慨と緊張感が全身を包んだ。ああ、これから、私がホッピービバレッジという飛行機に社員とお客様を乗せて、いよいよテイクオフするんだな。

急に視界が大きく開けてきたのは、その時だ。

そうか、私が研究すべきテーマは、これだ！　空から蝶が舞い降りたように、研究のアイデアがスッと浮かんできた。

「五年以内に新体制をしっかりテイクオフさせるにはどうしたらいいか。これを研究テーマにしたいと思います」

「いいね、それでいきましょう」

先生のお墨付きを得て、ようやく研究テーマが決まったのは三月末、春休み中の集中ゼミでのこと。

いよいよビジネススクール二年目、最終年度の幕明けである。

〝五月ショック〟勃発！ 忍び寄る、衰退の兆し

ところが。

社長就任早々、我が社は、大きな試練に直面することになる。

薫風《くんぷう》かおる五月の土曜日。その日は、ある百貨店のお酒売場で、店頭試飲販売が予定されていた。

私はといえば、早稲田での授業の真っ最中。そこへ突然、土曜日当番で出社していた石津からの電話。

「今、会社の留守番電話を聞いたんですが、お客様からお怒りの声が入っています！」

彼女の声からは、ただならぬ気配が伝わってくる。思わず、背筋に冷たいものが走った。

なんでも、昨日の百貨店の店頭試飲販売で、我が社の隣のブースにいた他メーカーのマ

ネキンさんから、猛烈な苦情があったというのだ。

事の次第はこうだった。うちの社員が数人、店頭に立つ仲間の応援にと、ゾロゾロと百貨店にうかがった。そして、ライバル会社の商品をさんざん試飲したあげく、

「やっぱり、うちのビールがいいよね」

と言い捨てて、ろくにお礼も言わず、売場を後にしたというのだ。

このマネキンさん、実は業界でもかなりの有名人。私も入社したての頃に、店頭販売でご一緒させていただいたことがある。

当時の私は、まだ二〇代後半。ホッピーよりも地ビールをやりたい一心で入社し、元気いっぱい、まだまだ苦労知らずのお嬢さんだった時代だ。怖いもの知らずの私は、彼女に向かって、

「ホッピーの三代目として、将来はこんな会社にしたい」

などと、滔々《とうとう》と夢を語ったらしい。その印象が強烈だったせいか、それ以来、ホッピーミーナとしての私を温かく見守り、陰ながら応援してくださっていたようだ。

「なのに、御社の社員のやっていることは何？　言ってることとやってることが真逆じゃない。よけいにガッカリしたわよ」

と、大変にお怒りだという。

その剣幕に驚いたマネージャーの大森啓介《おおもりけいすけ》は、謝罪のためにすっ飛んでいった。

だが、時すでに遅し。話は百貨店の上層部まで伝わり、ホッピービバレッジはついに「出入禁止」となってしまった。

――なんてこと!

私は愕然とした。これまで、社員と価値観を共有するために続けてきた取り組みは順調に進んでいると思っていたが、実は、思うほどには成果を上げられていないことを、思い知らされたからだ。

ホッピービバレッジの経営計画書には「競合に関する方針」という項目がある。

「素直な心で競合を見つめる」

「過小評価や軽視をしない」

「けっして競合を侮らず、謙虚な姿勢で競合を理解する」

ということが、ちゃんと書かれている。

しかも、我が社では毎朝、経営計画書の所定のページを唱和している。それもこれも、経営方針を繰り返し読み上げることで、ホッピー・スピリットを体の隅々まで吸収してほしいからだ。

ところが、フタをあけてみれば、なんたることか。

マネキンさんの指摘を待つまでもなく、悪意がなかったとはいえ、社員がやったことは、経営方針とはまるで真逆のことだった。

小山社長の指導に従って、経営計画書に基づく経営を採り入れ、社員と価値観を共有するために、血のにじむような努力を重ねてきたのに。

社員は経営方針を正しく理解していないし、私の思いも正しく伝わっていない。これは私にとって、足元の地面が崩れ落ちるほどの衝撃だった。

悪いことは続くものだ。

畳みかけるように、もう一つの「五月ショック」が追い打ちをかけた。〇一年以降、右肩上がりで伸びていた売上が、いきなり急降下したのだ。

末日を迎え、五月の売上高が前年同月に比べて一〇%以上も下がったことが判明。なにより深刻なのは、業績悪化の原因が全くわからないということだった。

どこか大口の取引先でも失ったというのなら、まだ話はわかる。ところが、なぜ売上が減少したのか、これと言って思い当たるふしはない。きっと、売上が微減していることに気づかないでいるうちに、ここへ来て一気に問題が表面化したのだろう。

衰退の兆しはサイレントキラーのように、いつの間にか足もとまで忍び寄っていた。意気揚々と社長に就任したとたんに、こんなことが起こるなんて。

私は直感的に、「ホッピービバレッジに異変が起こっている」と感じた。市場の動きやライバルとの競合の問題ではない。社内のどこかに隠れていた矛盾が、少しずつ内圧を高め、機体にヒビを入れ始めたのだ。

新米パイロットの私は、傾き始めた機首を立て直すことができるのか。

ホッピーミーナ、パイロットとして最初の大きなチャレンジが始まった。

グレイナー・モデルの衝撃

人間、ピンチに直面すると、全身の細胞が目覚めるという。社長就任早々の「五月ショック」が、私の研究を一気に加速させるきっかけとなった。

高度成長が終わり、低迷のきざしが見えてきたホッピービバレッジ。この会社をどうやって操縦すれば墜落させずに飛び続けることができるのか。それが問題だった。

ゼミで「五月ショック」を「現状分析の一例」としてご紹介した際、寺本先生から一つの論文をご紹介いただいた。

一九七八年に発表された、経営学者ラリー・E・グレイナーの論文『企業成長の〝ブシ〟』。さっそく古本を探してみたが、なにぶん三〇年も前の論文とあって、なかなか見つからない。知り合いのつてでようやくコピーを手に入れ、さっそく読み始めた。

わ〜お！

目からウロコが落ちるとはこのことだろうか。その論文に書かれていたのは、まぎれもなくホッピービバレッジの姿だった。

簡単に説明しよう。

グレイナーは、企業の成長を「竹」になぞらえている。

竹は、けっしてリニア（一直線）には成長しない。ぐんぐん伸びる時期と、成長速度をゆるめてフシを作る時期とを交互に繰り返す。

その意味では、人や組織も竹と同じ。成長期と低迷期を繰り返しながら、ゆっくりと成長していく。逆に言えば、混乱や低迷を伴なわない成長はありえない。企業を成長に導いた要因は、時間が立てば、今度は企業を低迷させる要因に変わってしまう。成長の後に必ず訪れる危機を乗り越えないかぎり、次のステップに行くことはできない、というのがグレイナーの考えだ。

では、企業は、どんなプロセスを経て成長していくのだろうか。

グレイナーは、企業の成長を五段階に分けて説いている。

第一段階は、企業の草創期。社員同士は形式にとらわれず、頻繁に話し合いながら問題解決にあたっていく。

ところが、企業が成長して社員の数が増えてくると、これまでの形にとらわれないコミュニケーションだけでは立ちゆかなくなる。この危機を克服できるかどうかはリーダーの存在にかかっており、「誰がリーダーシップをとるか」で社内が混乱することも多い。

この危機を乗り越えると、企業は成長の第二段階へ進む。第二段階では、組織やシステムが整備され、リーダーに加えて現場のマネージャーも育ってくる。ここで、現場のマネージャーはリーダーからの権限移譲を求めるが難しく、一方で現場マネージャーも意思決定に慣れていないために、組織が膠着《こうちゃく》する。

第三段階では、組織の分権化が進み、本社首脳陣が現場に細かく口をはさまなくても、会社は回っていくようになる。同時に、本社首脳陣たちは、現場部門に対する統率力を失っているように感じるようになる。モチベーションの上がった現場のマネージャーは、人や予算を牛耳ろうとする。

第四段階では、本社管理部門によって、全社的な統制が行われるようになる。これが行き過ぎると、現場と本社スタッフの間で対立が生じ、組織の硬直化や官僚主義が進む。

第五段階では、成長した組織はチームという小集団を通じて更なる自主、自律を求める。

強いチームは素早い課題解決、革新に成果を出すが、同時に、業績に対する期待は重圧となり「情緒」を求めるようになる。

紙数の関係でかなり端折ってしまったが、これがグレイナーの「企業成長の五段階説」。私はもう釘づけだった。今の我が社の現状が、グレイナーモデル第一段階から第二段階に移行する時の低迷期の特徴と合致したからだ。

「そうか、我が社の問題はリーダーの不在にあるんだ」

一気に前が開けたように感じたことを今でもよく覚えている。

新卒採用を始めて五年。新しい血を入れたことで、若い会社に生まれ変わった。特に、入社五年以内が八割を占める赤坂本社は、カルガモの巣状態になっている。カルガモ母さん、ヒナ育ての真っ最中。とてもじゃないが、新しいリーダークラスが育っているとは言えない。

グレイナーが言うところの「リーダーシップによる危機」。これが、最近次々と起こる異変の正体だったのだ。

――そうだったのか！

私はワクワクした。初めて研究を楽しいと思った瞬間だ。このグレイナー・モデルを適用すれば、自社の現状と課題を分析できそうに思えた。今の低迷期を脱するための、新しいビジネスモデルを考える糸口になりそうな気がする！

あれほど視界不良だった研究の道筋が、一気に開けてきた。まるで、分厚い雲の切れ目から、太陽がニッコリと顔をのぞかせたかのよう。グレイナー・モデルとの出会いが、複雑に絡まり合った糸を解きほぐすきっかけを与えてくれたのだ。

おかげで、次回のゼミ発表は、これまでになく充実したものになった。

「先生！ うちの会社、グレイナー・モデルにピッタリはまりました！」

その日の放談会で、寺本先生は私にこう言ってくださった。

「あのね、石渡さん。実はグレイナー・モデルも、一つの仮説にすぎないんですよ。あの仮説がピッタリはまったと言ったのは、あなたが初めてです。今日の発表、面白かったですよ」

それを聞いた私は、とてもうれしかった。

我がホッピービバレッジの事例が、三〇年前に提唱されたグレイナー・モデルを検証する、最初の事例になるかもしれない、なんて。

研究の道筋が見えてきたということは、イコール、第三創業期のホッピービバレッジの方向性が見えてきたということだ。でも、それだけではない。この修論が提唱するビジネスモデルは、過去に例のない完全オリジナルモデルになるだろう。研究の内容を公開するかどうかは別として、経営学の研究史に小さいかもしれないが、一つの足跡を残せる可能性がかすかに出てきたとも言える。

――これで私も、やっと寺本・山本ゼミに根を下ろすことができた。

こう実感できたことが何よりうれしかった。自分を早稲田生と認めてもいいかなと初めて思えた。

長いトンネルの先に、光が見えた瞬間だった。

見切り発車でリーダーチームを結成

この時を境に、私の研究はぐんと加速して進み始めた。

グレイナーいわく、企業を成長の第一段階から第二段階に引き上げるには、リーダーチームの存在が欠かせない。そして、我が社の当面の課題が、トップの意思を現場に浸透させる「リーダー層の不在」にあることは明白だった。

新卒採用を始めて最初の一、二年はまだよかった。組織も小さかったので、私の意向を組織に浸透させるのは、決して難しいことではなかった。

でも、新卒採用が軌道に乗り、社員の数が増えてくると、そうもいかなくなってくる。「伝言ゲーム」で、私の指示が間違って伝わることも増えていった。

たとえて言うなら、私は「海へ行きます！」と伝えたつもりなのに、いつのまにか行き先が「山」に変わっている、という感じだろうか。集合時間に集まった社員のいでたちを見ると、なぜか一部の社員が山ガール（山ボーイ）になっている。

「海へ行くと伝えたはずなのに。その格好はどうしたの？」

と、私が言えば、

「どうしてですか？ 僕はたしかに山に行くと聞きましたよ」

「もしかして、誰かが情報操作でもしているんじゃありませんか」

「社長はお気に入りの社員だけ海に連れて行こうとしているに違いない」

と、話はとんでもない方向にズレていきかねない。

もちろん、社員に悪気は全くない。誰も情報操作なんかしていない。社員は社員で、社長の言ったことを自分なりに理解して、一生懸命実践しているつもりなのだ。にもかかわらず、コミュニケーション・ギャップが生まれ、互いの不信感や不満だけが増幅していく。

その帰結が、「五月ショック」だったのだろう。

あの日も、ぴよぴよたちは、はりきって百貨店のイベントの店頭販売支援に行った。

「ホッピーのよさをお客様に伝える」という、伝道師としての重要な任務を果たしたつもりだった。ところが、そのために、結果として「ライバル会社の商品を批判する」という、企業として絶対にやってはいけない禁じ手を使ったことになってしまった。

社員の数が増えるにつれて、トップの戦略が現場に伝わらなくなっている。会社の角質層がどんどん厚くなり、私がどんなに太鼓を叩いても、社員の耳には音が届かなくなっていたのだ。その意味では、我が社が抱える課題を示す一つのサインが、「五月ショック」だったと言ってもいい。

今や、社長と社員をつなぐ、リーダーチームの育成が急務であることは明らかだった。こんな時、意思決定が早い中小企業というのは強い。研究で課題が明らかになると、私はさっそくリーダーチームの育成に着手した。

ただし、問題は「誰をリーダーにするか」だった。

我が社にはまだいわゆる〝人事評価制度〟は存在しない。そこで組織図を広げ、誰にでもわかるように「部下を持っている人」一四名をリーダーに選んだ。果たして本当にリーダーにふさわしいかと問われればわからない。しかし、行動を起こさないことには何も始まらない。「選んでから育てればいい」と、新卒採用に着手したときと同じく、こうして見切り発車のリーダーチームが結成された。

社長直下のリーダーチームの結成。不満の出ない形で、と心を配ったつもりだった。しかし、私の根回しが完全に不足。やはり新卒採用組の若い社員たちの中で波紋を呼んだ。なにしろ彼らは、内定者時代からここまで、横並び状態。社会に出れば、いずれ同期との間で差がつくのは時間の問題だが、彼らにはビジネス社会がまだわかっていない。精神的にも幼さが抜け切れない彼らの間で、「同期に先を越された」ことへの動揺が広がった。

リーダーチームの抜擢人事は、こうして社内に幾《いく》つかの軋轢《あつれき》を生み、深く静かに潜行した。その一つが、翌年二月の「石津・大阪事変」へとつながっていく。

二年間の大学院生活で得た本当の学び

二年目の秋も深まり、早稲田での研究生活も大詰めにさしかかった。

修士論文の最終提出期限は、我がゼミのみ先生のご配慮で一二月一七日。締め切りに遅れたら最後、中退するか留年するしか道はない。それでは、ここまで応援してくれた社員に見せる顔がない。ここが最後の踏ん張りどころだ。

とはいえ、研究論文を書くなんて、人生で初めての経験。一一月の仮提出日を間近に控えた一〇月頃になると、プレッシャーで気がおかしくなりそうだった。

早く書き出さなくちゃ、と気は焦るものの、重い腰がなかなか上がらない。恐る恐る書き始めてはみたものの、論文のお作法に慣れないせいか、納得のいくような文章が書けない。

まるで、暗黒の世界を、手探りしながらソロソロと歩いていく感じ。不安で押しつぶれそうになりながら、それでも論文を書く手だけは止めなかった。

そんな状況に変化が表れたのは、弾丸スケジュールで出かけた出張先の米国ポートランドでのこと。行きの飛行機の中でウンウン言いながら論文と格闘していると、突然、上昇気流に乗ったように、スイスイ書けるようになった。

手を動かしているうちにエンジンが温まって、体が「論文モード」に切り替わったのだろうか。あれほど苦しんだのがウソのように、書くことがどんどん楽しくなっていった。

ゼミの時にはよくわからなかった先行研究も、理解できるようになっていたことが変化のきっかけだった。

「ああ、バーナード先生って、とどのつまりはこういうことを言ってたのね」

と、なんだか、脳みその理解力が二〇〇%ぐらいアップしたような気分。

論文を書くために資料を精読し、自分の言葉で編集し直しているうちに、今まで上滑りしていた知識が脳にくっきりと刻まれたのだろう。文章化の作業を進めるうちに、どんどん頭が冴えてきて、「腑に落ちる」という経験が多発するようになった。

しかも、私の研究は、先行事例のない完全オリジナルモデル。先行研究はたくさんしたが、他社の事例研究がない中で結論を導き出していかなければならない。前人未到の道なき道を、一人かき分けて進む楽しみ。これまで経験したことのないクリエイティブな作業の中で、論文を書く苦痛は少しずつだったが喜びに変わっていった。

こうして、最終的に五万七四三四字の論文を書きあげ、予定通り提出。その夜、西早稲田の行きつけの居酒屋さんで寺本先生、山本先生、同級生、後輩たちと、過去最高の美酒に酔いしれたことは言うまでもない。

明けて一月、最終ゼミの一週間前の放談会で、寺本先生が私に問いかけてくださった。

「石渡さん、二年間早稲田で学ばれていかがでしたか」

私は素直にお答えした。

「寺本先生、お恥ずかしながら、四〇歳を越えてこんなにも知らないことがあったということを学んだ二年間でした」

「それは良いことを学ばれましたね。それこそが学びなんですよ。『実るほど頭を垂れる稲穂かな』と言うでしょう。学ぶということは謙虚になるということなんです。まだまだ学ぶべきことがたくさんあるということを知ることなんです」

弟子たちの間で「言葉の錬金術師」なる異名をお持ちの寺本先生からは二年にわたって珠玉のようなお言葉・ご指導をたくさんいただいた。中でも二〇一一年一月二一日にいただいたこの教えは、私の早稲田ライフ二年間の中で最も強く、印象深く心に刻まれている。

こうして二〇一一年三月、私は早稲田大学ビジネススクールを修了した。

挫折と絶望に苦しみ、落ち込んだこれまでの歳月を思い、私は感慨無量だった。

——もうレポートや自分の研究発表に追われ、プレッシャーに押しつぶされそうにならなくてもいいんだ。

ホッと胸をなでおろしつつも、胸中には一抹の寂しさもあった。苦しい学びが自分を成長させてくれたことを知っていたからだ。何より寂しいのは、MOTやMBAで知り合った、素敵な仲間たちと別れなければならないことだった。

まさか、四〇歳を過ぎて、「親友」と呼べる仲間ができるとは思わなかった。これは、わりと後になってから知ったのだが、信じられないほど優秀だった同級生たちも、学業ではそれなりに苦労していたらしい。脳みそから血を流すような日々の中で、苦しみを共有し、互いの胸の内を率直に語り合ったことが、どれだけ私を力づけてくれたことだろうか。

早稲田のトレーナーを着て、みんなで六大学野球を観戦したことも、忘れられない思い出だ。今でも当時の仲間たちとは、年に数回、神楽坂の焼き肉屋で旧交を温めている。ビジネススクールで素晴らしい恩師と友人に巡り会えたことは、私にとって一生の財産となった。

細胞が全部入れ替わった感覚

早稲田での経験は、私の人生を決定的に変えた。まるで、細胞が全部入れ替わったような感じ。大げさでなく、一皮も二皮もむけたという実感がある。

この二年間で、何が私をそれほど変えたのだろうか。

それは、「言語」だ。

血の汗をかいて経営学と格闘しながら、私は新しい「言語」を身につけた。その意味で、二年間の研究生活は、一種の「語学留学」だったとも言える。

「言葉が変わった人にはイノベーションが起こる」

と、ある大先輩に言われたことがある。なぜイノベーションが起こるかと言うと、「言葉」が変われば「思考」が変わり、「意図」や「行動」が変わるからだ。

たとえば、私は英語が大好きだが、英語を話していると、ふだんの自分とは別人格になったような気がして、違う自分を楽しむことができる。英語の持つ性質から、気持ちが解放されて、日本語を操っている時とは違う考え方、方法で発言し、行動できる。それほど「言葉」というものは、思考と行動に対して決定的な影響力を持つ。

では、ビジネススクールで新しい「言語」を獲得した私は、どんな風に変わったのだろうか。

たとえば、以前の私は、何よりも感情が先走るところがあった。でも今は、何かあっても感情にまかせて社員を怒るようなことが減った。怒りや悲しみという自分の感情に引きずられるのではなく、起こっている現象をロジカルに分析して、社員への接し方や行動を変えていくことができるようになってきたのだ。

「こういう理由で、私は今、あなたに話をしている。あなたが目指す形はこうであると聞いている。しかし、このままだと、あなたの人生はこうなってしまう。そういう人生を生きたいのですか」

こう、徹底的に理詰めで来られるのだから、社員のほうはたまらない。

「以前の感情的な話し方には、反発を覚えたり、耳を塞ぎたくなったりしたこともありました」

そう告白するのは、秘書室兼広報の石津。

「近頃の社長の話には、時折ぐうの音も出ないと感じます。むしろ〝確かに〟と思ってしまうこともあります。以前のように社長の機嫌が悪いから怒られていると思った方が、よっぽど楽ですよ」

社員にしてみれば、感情的な社長のほうが、よほど御《ぎょ》しやすいのだろう。いついかなる時も冷徹さを失わない社長ほど、社員にとって怖いものはないらしい。

それと同時に、物事の本質を見抜く洞察力も磨かれたように思う。目の前で起こっている現象や社員の行動を観察していると、隠された本質が見えてくるようになった。おかげ様で、今の私は片時も気の休まるヒマがないような気がする。

そして、何より大きな変化は、直感のみではない経営ができるようになったことではないだろうか。

経営者にはもともと勘のいい人が多い。手前味噌だが、私も悪い方ではない。〇一年に始めた改革で、会社を奇跡と言われる回復に導くことができたのも、時代の流れや自分の向かうべき方向を嗅ぎわける、直感力が効いた技だったとも考える。

しかし、経営者も神様ではない。迷ったり、ぶれて心に瞬間の隙間を作ることもある。その際に判断を間違えると取り返しのつかないことになる。そうならないためには、常日頃から直感力を理論でひもといておくことが大切ではないだろうか。

直感力を理論でしっかりと裏づけることができれば、その経営判断には鋼《はがね》のような強度が生まれる。ビジネススクールで身につけた戦略的思考とロジカル思考は、先々で待ち受けるさまざまな困難を乗り切る上で、大きな力となってくれるだろう。

今振り返っても、ゼミでの研究発表は、まるで刀鍛冶が日本刀を鍛えるような作業だった。刀鍛冶は、神霊の力を借りて鋼を打ち、刀に魂を込めるという。その真剣勝負の場で、私は、今のホッピービバレッジのどこに問題があるのか、さらなる成長を遂げるためには何が必要なのかを、徹底して追究し続けた。

そして、修士論文によって形にしたものは、第三創業期を迎えたホッピービバレッジの方向を示す「航海図」。この航海図さえあれば、社員の誰もが経営戦略を理解し、足並みをそろえて同じ方向に踏み出すことができる。

とはいえ、まだまだ先は長い。航海図ができたと言っても、ようやく習作ができたレベル。航海図の作り方も読み方も、まだ、嵐が待ち受ける大海原を安全に航海できるほどには成熟していない。

その意味では、まさにこれからが正念場だ。「第三創業を五年以内にテイクオフさせる」というゴールに向けて、最後の助走が始まっている。もう、ホッピーミーナがワンマ

ビジネススクールに通ったことで〝直感力〟に〝理論〟が補強され、第三創業に向けた確かな戦略を描くのに役立った（左から三人目が寺本義也先生）。

ンショーで会社を引っ張る時代は終わった。これから先、現場の先頭に立つのは、リーダーマネジメントチーム。トップから出される重要戦略課題から自部門の経営戦略を導き出す。そして、明確にされた戦術を社員と共有し、確実に実践する。これらが戦略の実行だ。主役は、全社員に移った。

グレイナー・モデルによれば、今の我が社は企業成長の第一段階から第二段階へと向かう移行期間にある。あまりに成長のスピードが速すぎて、体の節々が痛んでいる状態だ。でも、今ここにある危機を乗り越えなければ、先に進むことはできない。

危急の課題は、会社の次世代を担うリーダーマネジメントチームの育成。それなくして、ホッピービバレッジに未来はないのだ。

第二章

成長を実感できる人財育成プラン

リーダー育成の「超・加速化モデル」への挑戦

ホッピービバレッジは、人間にたとえるなら、よちよち歩きの幼児のようなものだ。なにしろグレイナー・モデルによれば、組織成長の「第一段階」の終わりぐらいをウロウロしているのだから。ぴよぴよ社員だらけの、ぴよぴよカンパニー。それが、今の私たちのいつわらざる姿だろう。

「え？　だって、ホッピーって明治にできた会社でしょ!?」

と、読者のみなさんは、怪訝《けげん》に思われるかもしれない。

そう、ホッピービバレッジの創業は明治四三年。二〇一〇年に創業一〇〇年を迎え、晴れて老舗企業の仲間入りをさせていただいたと自負している。

老舗であると同時に、できたてほやほやの〝ベンチャー〟でもあるのが、ホッピービバレッジのユニークなところ。その意味では、師匠・寺本先生のお言葉をそのままお借りして、〝老舗ベンチャー〟という表現がふさわしいかもしれない。

では、我が社は、いかにして老舗ベンチャー企業となったのか。前章と重複する部分もあるが、簡単におさらいしておこう。

話は〇三年にさかのぼる。

この年、私は副社長に就任し、本格的な組織改革に着手した。

「いずれあなたに三代目のバトンを渡す。あなたに渡すと決めた会社だから、もう、僕は口は出さない。目は離さないけど、手は離すよ」

そう社長の父に言われ、コックピットで父に会社の舵取りをしてもらいながら、私が経営全般を掌握。将来のホッピーミーナ体制をうまく離陸させるために、中長期計画の立案から金融機関との交渉、トップセールス、採用・育成に至るまで、ありとあらゆる経営実務を担当させてもらった。

「第三創業を立ち上げる時に、心を一つにして、一緒にやってくれる社員を育てていきなさい」

そんな父のアドバイスもあって、〇六年からは新卒採用に着手。若くてフレッシュな血を入れ続けたことで、会社の新陳代謝は急速に進んだ。旧態依然とした体質はウソのように消え去り、見ちがえるほど若くて躍動的な会社に生まれ変わった。

老舗のＤＮＡと草創期のエネルギーを合わせ持つ、ハイブリッド種の誕生だ。こうしてホッピービバレッジは、老舗企業から〝老舗ベンチャー〟へと生まれ変わったのである。

その間、私は最前線で陣頭指揮をとり、ワントップ体制で会社をぐいぐい引っ張った。小山社長のもとで経営の実践論を学びながら、現場の改善を進め、ホッピーミーナとして会社の広告塔の役割も演じた。そして、「ホッピーは古くさい飲み物」というダークなイメージを払拭するための仕掛けもどんどん打ち出していった。

ホッピーの「オヤジくさい」イメージと、女性跡取りというミスマッチが受けたのだろう。マスコミの取材も殺到し、一時は「絶滅危惧種」とまでささやかれたホッピーのブランド・イメージはおかげさまで上昇気流に乗った。リーマン・ショックも乗り越えて、売上は劇的に回復。こうして、ホッピービバレッジは再生を遂げることができた。

ところが、順風満帆であるかに見えた我が社にも、目に見えない危機が忍びよっていた。一〇年に私が三代目を引き継いだ直後に、「五月ショック」が勃発。売上が前年同月比で一〇％以上もダウンし、頭打ちのきざしが見えてきた。現場で社員が起こす問題や、お客様からのクレームも目につくようになった。社内に鬱積《うっせき》していた矛盾が表面化し、異変となって表れ始めたのだ。

今や、ホッピーミーナのワントップ体制が限界に来ているのは明らかだった。

新卒社員組が三〇名を越えた頃から、私が頂上から太鼓を叩いても、その音が全社に響かなくなり始めた。会社のトップとしての私の理念、考え方がなかなか理解されない。

「わからない」と言って反発する。これは戦力ダウンに直結した。

「たかだか、社員数五〇数名の会社で、何がそんなに難しいんですか」

大企業にお勤めの方は、そう思われるかもしれない。でも、中小企業だからこそ、社員一人ひとりの存在感がもたらす影響力は、大企業とは比べものにならないほど大きい。ベクトルを共有できない社員が数人いるだけで、会社はたちまち液状化現象を起こし、土台からグラグラと揺さぶられてしまいかねない。

一方では、カルガモ母さんのヒナ育ても、そろそろ曲がり角を迎えていた。

ヒナたちは成長し、巣から出て自由に歩き回るようになった。若くて元気いっぱいだが、経験も知識も不足している。いったん不安を感じたら、どこに飛んでいって、何をやらかすかわからない。もう、私一人で育てるのは限界だった。親鳥に変わってヒナたちの面倒をみる兄貴分や姉貴分、すなわちリーダーマネジメントチームがどうしても必要だった。

しかし、リーダーチームは一朝一夕にできるようなものではない。かのドラッカー先生によれば、リーダーチームの育成には「一〇年はかかる」という。

ところが、成長意欲あふれる若手社員たちで構成される我が社の現状では、彼らを導くリーダーの登場を一〇年も待っていたら、モチベーション低下を招くのは間違いない。

というわけで、私は「リーダーマネジメントチームを核とした新体制を五年以内にテイクオフさせる」という目標を定め、全力でこの課題に取り組むことにした。
飛行機の離陸時の速度を語る際にＶ１（離陸決心速度）、ＶＲ（機首引き起こし速度）、Ｖ２（安定離陸速度）が用いられるという。
我が社の現状と目標にあてはめるなら、
Ｖ１：リーダーマネジメントチームがなんとか機能し始める状態（ＰＤＣＡサイクルを自分たちの力で回せる）
ＶＲ：新体制のテイクオフ
Ｖ２：グレイナーモデル（一九七二年に『ハーバード・ビジネス・レヴュー』に掲載された理論。企業成長モデルとして名高い）によるところの成長の第二段階（指揮による成長）への突入
と言ったところであろうか。
Ｖ２までの期限を五年以内とするなら、三年（二〇一二年度）以内にＶ１に到達したい。実はリーダーマネジメントチームの社員たちとはこのような目標を掲げて日々の業務研修に取り組んでいる。十年かかると言われるリーダーチームの立ち上げを三年で実現させようとする大胆な試み、ドラッカー先生もたまげる、リーダーチーム育成の「加速化モデル」。心ある人々からは、「大言壮語もたいがいにしろ」と、お叱りを受けるかもしれない。

だが、単なる私の希望的観測かと言うとあながちそうばかりでもない。

リーダーマネジメントチーム速成を握るカギは、「共育」にあると考えている。

「共育」とは、ホッピービバレッジ三代目の経営における最強のキラーコンテンツ。トップと社員とを問わず、全員が同じ師や教科書から学び、互いの学びを共有し合いながら、一緒に成長していくための、人財育成の手法だ。この「共育」により、会社を挙げて、成長を二倍にも三倍にも加速させていく。これぞホッピー流、「成長の加速化モデル」にほかならない。私たちは、自らの実行をもって実証したいと考えている。

では我が社では、リーダーチームの速成に向けてどのような共育に取り組んでいるのか。

その一端をご紹介しよう。

〝この指止まれ！〟ホッピー流「共鳴力採用」

人財育成の「加速化モデル」は、新卒採用の段階から始まっている。

なんといっても、採用活動は我が社の最重要戦略の一つ。私にとっては経営の生命線だ。

第三創業が成功するかどうかの要因の一つは、優秀で意欲的な新卒社員をどれだけ育てられるかにかかっている。そこで、我が社では毎年、精鋭を集めて採用プロジェクトチームを結成。将来有望なぴよぴよを採用させていただくために、脳みそをしぼり、大いに汗をかいてもらっている。

飲料メーカーだからか、多少なりともホッピーの知名度が学生の中で上ってきたおかげか、おかげさまで会社説明会はいつも満員御礼。それでも、会場の収容人数を六〇名程度に抑えているのは、「顔が見える採用」を心がけているからだ。

誇大広告は一切なし。学生の前で体面を取りつくろう気など毛頭ない（できない）。正直に見せて語り、会社のありのままを見てもらいたい。そして、私や社員たちの息遣いを感じ、自分に合う会社かどうかをよく見極めてもらいたい。そのためには、大規模な説明会では、伝えたいことも伝わりにくくなってしまう。会社説明会の回数を増やしてでも、一回当たりの参加人数を制限させてもらっているのは、そのためだ。

会社説明会は一回、三時間程度。最初に私がマイクを握り、一時間ほど話をさせてもらう。そして、失敗談も交えながら自分の考えや思い、会社の歴史やビジョンを語らせていただいている。ありったけの思いを込めて語るその様は、

「第三創業を一緒に立ちあげてくれる人、この指とまれ！」

と呼びかけているように見えるらしい。いつしか我が社では、「この指とまれ採用」と

呼ばれるようになった。

二〇〇六年二月の第一回会社説明会より、私が参加しない説明会は一度もない。なぜなら、学生が我が社の選考に進む第一歩として私の話に耳を傾け、「私に共鳴できるかどうか」を判断してもらいたいからだ。

「私の話を聞いて、みなさんは今、ワクワクしていますか」

と、私はいつも参加者に問いかける。

そこにこだわるのは、戦略や戦術と言った難しい理屈以前に、トップと社員の間でトップの価値観を共有できるかどうかで、その後の会社の運命が大きく変わると考えているからだ。

我が社は社員五〇数名の中小企業。トップと社員との関係は、大企業とは比較にならないほど濃密だ。こうした会社では、全員が企業の土台となるトップの価値観や理念・考え方を正しく理解しているか、共有し、共鳴できるかどうかが、会社の成長を左右する決定的な要因となる。有事の際にも、社員の心が一つであれば、危機を乗り越えることができるだろう。逆に、トップと社員の心がバラバラになれば、小さな会社は、あっという間に空中分解してしまう。

たとえば私たちは、「首都圏に徹底してこだわる」という経営方針を貫いている。これは、無理に全国展開して経営資源を分散させるよりも、関東ローカルに特化して、一人ひとりのお客様とより強く、より深い関係を築き、小さくともゆるぎないマーケットを創っていきたいと考えているからだ。

そこへ「全国展開してビジネスを拡大したい」という人が入社してきたら、どうなるだろうか。彼（彼女）は遅かれ早かれ、「この会社では自分の力が発揮できない」と不満を抱くことになる。鬱積したフラストレーションは、いずれ会社に内部分裂の危機をもたらす導火線となるだろう。根本的な考え方にズレがあるかぎり、せっかく入社しても、お互いが幸せになれるとは思えない。

逆に、私の話を聞いて、完全に理解できないまでも、直感で、

「この人の話を聞いていると、なんだかワクワクするな」

「この人と一緒に仕事をしたいな」

と思ってもらえれば、お互い目標に向かって心を合わせ、各自の強みを活かしながら、刺激し合いつつ、成長できる可能性はグンと高くなる。

たった五〇人でも、五〇人の心が一つになれば、怖いものはない。だからこそ、大きな荒波に何度も遭いながら一〇〇年生き永らえてこれたとも言える。「共鳴力」が我が社の差別化であり、強みだ。

これが、私が〝共鳴力採用〟に力を入れる最大の理由だ。

もう一つ、私が採用にあたって重視するポイントがある。それは、「明るく元気で素直」な性格の持ち主であることだ。

第一章にもご登場いただいた高田馬場、佐々木酒店の佐々木実社長は、私にとって業界の師のお一人である。「お客様へのご挨拶」と称して季節に触れてお邪魔させていただくが、本当の目的と楽しみは、佐々木社長からお話を伺うことにある。社長もそれをよくご存知で、「僕の講義は高いよ〜」と冗談めかしながら、業界の歴史や現状、これからのビジョンや、彼の商売哲学などを多岐にわたりお話くださるのだが、その時間がとても楽しく、有意義でたまらない。

「メーカーは、『人柄の良い製品』を作らなくてはダメだ」

敬愛してやまない佐々木社長が近頃よく、口にされるようになったお言葉である。

そのお話を初めて伺った時、ハッとしたことがある。会社としては弱小なのに、ホッピーが六五年の長きにわたってお客様に愛され続けてきたその理由は「人柄が良い」からではないか。確かに、祖父も多くの人に愛された。父も同じく。そして祖父、父が築いてきた我が社の企業風土は確かに「家庭的」である。内輪受けとか仲良しクラブということではは全くない。お話を伺って以来、「ホッピー流家庭的温かさから築かれる人柄の良い社員集団創りと、そこから生まれる人柄の良い製品作り」という、代々伝わる我が社の価値観、企業風土はそのまま大切に受け継ぎ、磨いていくと心に決めた。

その思いを、採用という業務においてわかりやすく表現したのが「明るく元気で素直な人」。知識や経験という前にまず、明るく元気で素直な人柄は、人に愛される。愛されるということは、より多く教えてもらえるチャンスを手にする。そして、素直に聞き入れるので、成長も加速する。社員の成長が早いということはすなわち、組織の成長も加速する、というわけだ。

こうして、熱い思いをこめて大切に、丁寧に展開させている我が社の採用活動だが、これはほんの入口に過ぎない。会社説明会は〝共育〟のスタート地点でしかない。

説明会で共鳴してくれた学生は、いわば、ホッピーの種を植えつけられた〝受精卵〟のようなもの。その後の採用選考でも、私と採用チームは事あるごとに我が社の価値観を語り、背中を見せ、ぴよぴよ予備軍への伝道活動を展開していく。

こうして、晴れてホッピーファミリーの会社の一員となってもらう日のために、ホッピーピープルに求められる基本的な哲学をせっせと教え、伝えていくのだ。

入社承諾書は「心と心の契約書」

幾多の選考課程を経て、気になる学生と出会った場合には納得のいくまでお話をさせていただき、その結果、一五〇〇名近い応募の中から、数名の学生に内定をお出しすることになる。私たちが学生を選ばせていただくのはここまで。採用選考は、学生が企業を選ぶ段階へと移行する。一番大事なクロージングだ。

我が社では、内定と同時に、内定者研修の最初のプログラムが始まる。学生による入社の意思決定を待たずに、だ。しかし同時に、のちのち後悔のないように、じっくりと考える時間も設けている。

とは言うものの、五月〜六月末には採用を終了、夏の初めには本格的な内定者研修を開始し、物理的に限られている社員のエネルギーを内定者教育に集中させている。内定者にも「確かにホッピービバレッジの社員になる」という覚悟で学びに集中してもらうとの方針を貫いている。そのため、この時までには自分の気持ちを固めて欲しいと、あらかじめお伝えしている。

そして内定者の心が決まり、その意志を伝える時に必ず私に直接手渡してもらっているのが「入社承諾書」である。

一見、何の変哲もない一枚の紙切れだ。しかし、この一枚の持つ意味・意義は計り知れないほど大きくて重たい。石の上にも三年と言うが、社会人となってからの最初の三年を、私はとても大切な三年と捉えている。この三年間でどのような土台を作るかが、人生を決める鍵となると言っても過言ではない。

つまり、入社した新人たちに私や先輩社員たちが何を教えるか、どう導くかによって、彼ら、彼女らの長い人生の幸不幸が決まる、と言うのが私の経験則から来る持論。

まだまだ体制的には完璧とは言い難いが、「一人の人生を変える」覚悟で、私も採用チームも新人たちをお引き受けしている。

会社説明会での「はじめまして」の出会いを経て、私に信頼を寄せてくれた内定者たちをお引き受けするからには、私も採用チームも、立派な社会人の基礎づくりに全身全霊をかけて徹底的に取り組むことが、学生との最初の約束だ。

また学生が、我が社への入社を検討する際には、

「『何があっても三年間は無我夢中になってついてくる』覚悟ができたら入社の意志を固めて欲しい」と伝える。

「とりあえず内定ゲット。いやになったらいつでも辞めればいいや」

そんな生半可な気持ちで来てもらっては、学生も私たちも不幸になるだけだからだ。

つまり「入社承諾書」は、お互いの覚悟、約束を見える形に表したもの。「入社の言質を取る」などということではないし、ましてや形式的なセレモニーだなんてとんでもない話だ。内定者から毎年直接受け取る「入社承諾書」は、どんな契約書よりも大切な、私と彼ら、彼女ら一人ひとりとのかけがえのない「心と心の契約書」である。

この三年間という時間には、それなりの根拠がある。

マルコム・グラッドウェルは著書『天才！ 成功する人々の法則』の中で、「人間は一万時間のトレーニングで変わる」と書いている。一万時間を年に換算すると三年間。新人が社会人としての基礎を確立するためには、三年間という歳月が必要なのだ。

かく言う私も、大学卒業後、日清製粉の人事部で三年間お勤めさせていただいた。堅実な食品メーカーであるばかりか皇室とのご縁も深い同社にあって、当時「花形」と言われた人事部に配属していただいたのだが、日清製粉ウーマンとして、また人事部員として、社会人として、全てにわたりイロハも何も知らなかった私は、上司や先輩のみなさまから毎日厳しいご指導をいただくことになった。

ところがその時は、

「あー、上司がうるさい」

「面倒くさい」

と、恥ずかしながら感謝のカケラもなかった。当時の上司にもずいぶん迷惑をかけてしまった。お目にかかれるのならお会いして直接お詫びを申し上げたい気持ちでいっぱいだ。そして、あの三年間で社会人としての正しい基礎の〝基〟を徹底して叩きこんでいただいたことが、私の社会人としての良き土台になっていることを感じる。

だから私は、我が社の若き社員たちに基本をやって見せ、教えることができるのだ。あれだけ抵抗したくせに、日清製粉人事部で三年間教えていただいたことが今の私を支える誇りにすらなっていると言える。

入社した時は、紙のサイズさえ知らなかった私。あの当時、一年目はがむしゃらに突っ走り、二年目になると慣れて楽しさも増す分、気のゆるみから失敗をするようになり、三年目にようやく、会社全体に興味が湧くだけの視野を得た。

社会に出てからの最初の三年間で、学生（子ども）体質から社会人（大人）体質へ、自身の構造を根本から改造するのだから、それは決して易しいことではない。しかし、この時期を適当に過ごしてしまい、社会人としてのベースを作れない、もしくはいい加減な土台のままにその後、経験を積み重ねることになると、後で苦しむ羽目になる。

うちのぴよぴよたちを見ていても、最初の三年間、必死で仕事と格闘した社員は、その後の成長カーブが違う。入社四年目に入ると、霧から抜けたようにググッと成長し、社長の言葉や考え方に対する理解度も急に上がる。

「入社承諾書」は、学生の自分に別れを告げ、社会人として生まれ変わるための初めの一歩でもある。「心と心の契約書」を取り交わすことで、新入社員の一人ひとりが、入社を決めた時の原点を胸に刻む。それは、私と社員とを結ぶ、とてつもなく強い絆になっている。

研修を超オーダーメイドにこだわる理由

今でこそ新人教育のノウハウも充実してきた我が社だが、ここまで来るには、かなりの紆余曲折があった。

なにしろ、新入社員を定期採用するなど、我が社始まって以来のこと。今にして見ればずいぶん無責任な話だが、五年前に新卒採用を始めた時は、夢中になって採用させていただいたものの、ハタと気づいた時、私を前に目を輝かせている七人のぴよぴよたちをどう育てていいものやら、見当もつかず、途方に暮れたものだ。

そこで、最初の四年間は、小山社長が主宰する新人研修プログラムを利用させていただくことにした。環境整備やセールス、ビジネスマナーなどの研修に参加させた。おかげで、ぴよぴよたちもすくすく育ち、今では新卒組の頼れるお兄さんやお姉さんに成長した。

とは言うものの、いつも心苦しく思っていたことも正直な気持ちである。私を信じて入社を決めてくれたのに、私自身の力で育てることができない。内定者たちに申し訳なく思っていた。そしていつの日か自社プログラムで、と目指してきた。

同時に回数を重ねるにつれ、研修の〝丸投げ〟には限界がある、と私は感じ始めた。考えてみれば、それも当然のこと。業種・業態が違えば、企業風土や社長のビジョン、育てたい社員のタイプも違う。何から何まで違う会社の研修を丸ごと移植しようとしても、フィットするはずがない。

やはり、私が欲しい人財を育てるためには、研修は自社開発することが必須だ。

そう考えた私は、信頼する社外講師の方々にお願いして、自社特製の研修プログラムの開発に着手した。

研修の自社開発にあたって私がこだわったのは、次の三つのポイントだ。

一つ目は、社外講師の選び方。

まず、経営者である私の経営理念や方針、考え方などを理解し、それを反映して研修をデザインしていただけること。それから、私と同じように社員に対して愛情と情熱を持って社員教育に臨んでいただけること。なにしろ、うちの大事な社員を預けるのだ。ここだけは絶対に譲れないポイントだった。

二つ目は、研修プログラムの作り方だ。

くどいようだが、研修開発の鉄則は、絶対に丸投げしないこと。

中小企業では人財が命だ。その人財教育を業者任せにしているようでは、求める成果は得られるはずもない。そこで私は、研修のベース開発を〝社長の最重要ミッション〟と位置づけ、時間と手間を惜しまず、どっぷり関与することにした。

三つ目は、会社の現場で起こっていることを、リアルタイムに研修に反映させ、効果の最大化をねらうこと。

後で詳しく述べるが、我が社の研修では実際に職場で起こった出来事が基本的にテーマとなる。何か現場でトラブルがあれば、それがそのまま研修の課題になるので、社員は望むと望まざるとにかかわらず、大なり小なり自分自身と正面から向き合わねばならない。

そして、社員の様子に少しでも気になる点があれば、私はすぐに社外講師の先生と面談。バックヤードで打ち合わせを重ね、社内の空気や個々の社員の状況、研修の理解度などを私からの視野と視点で先生にフィードバックする。その上で、「これから研修をどう進めていくか」を綿密に対話していくのだ。

その意味では、我が社の研修は、「超」がつくほどのオーダーメイド。同じ研修を受けていても実質的に、その内容は人によって全て異なる。

「広田は、こういうことで悩んでいます」

「浅見は今、こんな課題を抱えているんです」

と、事前に講師の先生としっかり情報交換。一人ひとりが抱える課題に応じて、きめ細かく指導していただくようにお願いしている。

くり返すが、中小企業にとって人財は経営の生命線だ。大切な命を育てることに手抜きは許されない。たとえ技術やノウハウは真似できても、教育された人財を真似することはできない。それこそが、中小企業のホッピービバッレジが厳しい企業戦争も勝ち抜ける最重要戦略だと考えている。

一人ひとりを見つめたマネジメント

こういう話をすると、

「社長自ら、そこまで社員研修に時間を割くなんて、スゴイですね」

と、言われることが多い。

だが、中小企業において真剣に人を育てようと思ったら、社長がここまで徹底しなければ効果は得られないと考えている。

世の中には、研修を〝息抜き〟か〝レクリエーション〟と勘違いしている人も多いようだが、私たちの研修の場は毎回が真剣勝負。自分との闘いの連続で、居眠りなんかしている余裕は全くないはずだ。

もちろん、一度に数百人単位で研修を行うような大企業では、こうはいかないかもしれない。それでも、大企業は組織の能力が高いので、個人の能力に多少バラつきがあっても、ある程度までは組織全体で吸収することができるだろう。

その点、万年人手不足という課題を抱える中小企業にとっては、社員一人ひとりの影響力は、大企業とは比べものにならない。社員の意識や行動がマイナスに振れれば、会社の存亡を揺るがす事態ともなりかねない。会社をよい方向に変えていくためにも、「一人ひとりに配慮したマネジメントが欠かせない」というのが、私の経営思想の一つである。

〃一人ひとりを見つめたマネジメント〃を実践するからには、社員教育も、個人の性格や状況を反映したオーダーメイドであるべきでしょう、とも考えている。その意味では、〃一人ひとりを見つめた研修〃こそ、我が社の競争力の源泉になり得るはずなのだ。

社外講師と連携して研修を行うメリットは、他にもある。

私の言うことにはなかなか耳を貸さない社員も、先生の言うことだと素直に耳を傾けることがある。これも、研修の意外な効用の一つだ。

私が常日頃から、社員に小言を言うのも、ひとえに価値観や考えを共有してもらいたいがため。それなのに、社長の私がいくら口をすっぱくして言っても「暖簾《のれん》に腕押し」で、情けない思いをすることも多い。

そういう私も天《あま》の邪鬼《じゃく》なところがあり、人に「右向け右」と言われれば、右とわかっていても左を向くタイプ。社長にギャンギャン言われて、社員が素直になれない気持ちはよーくわかる。

とはいえ、典型的な経営者気質である私の気はとても短い。何でもかんでも自分で社員に言おうとすれば、大ゲンカになってしまう危険も避けられない。そんな時は、さっそく講師の先生にヘルプコール。研修の中で、さりげなく私の思いを伝えてもらうようにしている。

なにしろ、社外講師のみなさんは百戦錬磨。手を変え、品を変え、さまざまな切り口から社員にメッセージを伝えてくださるので、その効果たるや絶大なものがある。最初はなかなか意味がわからなくても、研修を受けていると、ある時パッと全てがつながって、一気通貫できる瞬間が来る。その快感を知ってしまうと、「もっと学びたい」という気持ちが強くなるらしい。

そうなったら、しめたものだ。社員の気づきは、加速をつけて深まっていく。舞台裏では、トップの私と社外講師が密接に連携しながら、社員の様子を見守り続けている。社員たちも、もちろんそ

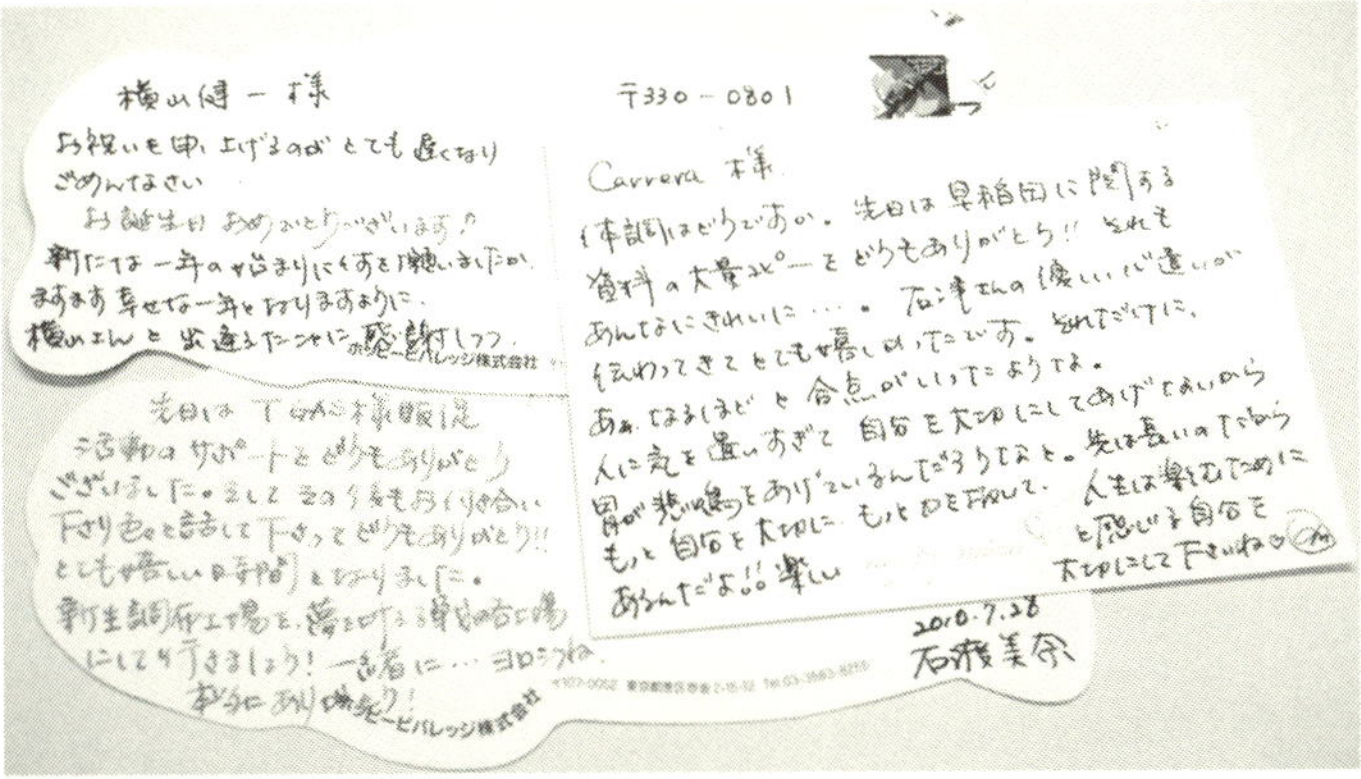

社員に宛てた手紙の数々。どんな些細なことでも言葉にすることで気持ちが社員に伝わり、モチベーションアップするきっかけになることも多い。

れを知っている。実はその安心感が学びの場を安心、安全な場にし、集中して学べる環境を作りだしているのかもしれない。

そして、ここぞというタイミングで別の行動に出る。たとえば社員やそのご両親に宛てて、自筆の手紙を書くとか。

相手の性格や状況を考えて紙を選び、万年筆のコレクションの中から、ピッタリの太さのペンとインクを選ぶ。そして、私の熱い思いを伝える。

この手紙作戦は、社員に対して、大きな効果を発揮するようだ。自筆の手紙を通じて、私が自分に対していかに愛情と関心を寄せているかを、敏感に感じとってくれるからだ。

もちろん、全てがうまくいっているわけではない。私が計画した研修の意味がわからず、かえって不信感を抱いた社員もいる。その場合には、納得するまで解説が必要だ。

ホッピー流の超オーダーメイド研修は、社員に対する本気の愛情と、それに応えようとする社員の本気の心構え、そして私の思いや考え方、社員たちの姿勢を受け止め理解し、あたかも会社の一員かのように全身全霊をかけて関わってくださる社外講師の先生方のご支援なしには成り立たない。こうして創られる唯一無二の現場は、トップと社員との絆を深める、最良のコミュニケーションの場の一つでもあることに、近頃気づいた。

「ブーツキャンプ」でホッピーのＤＮＡを教え込む

前述のとおり、我が社の人財育成は、内定を出した瞬間から始まる。

この内定者研修も、武蔵野の研修プログラムを利用させていただいていたが、二〇一二年度採用からは全て内製化。「ブーツキャンプ」と銘打って、オリジナルのプログラムに一新した。

「え、ブーツキャンプ？　一体、内定者に何をやらせるつもりだ」

と、目を吊り上げた方も多いのではないだろうか。

それもそのはず、ブーツキャンプとは、苛酷なことで知られるアメリカ海兵隊の新兵訓練のこと。「これさえ覚えておけば戦場で死なずにすむ」という超基本のスキルを、新兵に徹底的に叩き込むというのだから、穏やかではない。

だからと言って、私は別に、その道のマニアというわけではない。私がブーツキャンプのことを知ったのは、修士論文執筆中に手にした野中《のなか》郁次郎《いくじろう》氏の著書『アメリカ海兵隊〜非営利型組織の自己革新』からだった。キャンプで厳しい訓練をともにした新兵たちが、

年齢や人種、言葉を超えて、強い絆で結ばれると知り、

「ああ、私が内定者研修に求めていることって、これよね」

と、いたく感心。「来年から内定者研修をブーツキャンプと呼ぶことにするよ！」と二〇一〇年の秋から決めていた。

借用したのは名前だけではない。研修そのものも、本場のブーツキャンプにならい、頭と体を徹底的に鍛える内容となっている。学生である内定者に、あの手この手で「限界越え」を体験してもらい、四月の入社日までに、〝社会人〟へと脱皮してもらうのが狙いだ。

では、具体的にどんな研修を行っているのか。

一応、さわりだけをご紹介すると、私のカバン持ち研修から社内アルバイト研修、飛び込み訪問研修、工場の製造ライン研修、マル秘ワークショップまで、さまざまなカリキュラムが用意されている。なにしろブーツキャンプだから、研修の中身はけっして甘くはない。学生にとってはこれでもかというほど、社会の洗礼を受けてもらう内容であろう。

まず、内定者が最初に経験するのは、カバン持ち研修だ。

これは、私のカバンを持って、一日中行動をともにしてもらうというもの。トイレタイム以外はベッタリ私のそばにいて、その日の全ての現場を同行して私の仕事を間近に見、考え方に触れ、経営者のスピードを体感しながら、社風が自分に合うかどうかを見極めて

もらう。

この研修の目的の一つは、入社前に「互いをよく知り合う」ことにある。入社した後になって、

「こんなはずじゃなかった」

と、気づいてもお互いに不幸だ。ましてや、今は就職難の時代。「これは違う」と気づいたら、早めに別の道を考えないと取り返しのつかないことになる。

飛び込み訪問研修も、内定者にとっては試練のひとコマだ。

内容はその年によって違う。飲食店でホッピーのポスターの貼り換えをさせていただくこともあれば、飛び込みでお手洗い掃除をさせていただくこともある。

とはいえ、いきなりバケツ持参でお手洗い掃除をお願いしても、すんなり受け入れてもらえるはずがない。

「お手洗いを掃除させてください」

「今、忙しいんだよ。帰った、帰った」

木枯らしに吹かれて、世間の冷たい風が身に沁みる。泥臭い営業の現場を体験して、理想と現実のギャップを知り、内定者は少しずつ社会人のことを学んでいく。

これ以外にも、ロールプレイングやトップの思想、経営理念を学ぶ場など、独自のノウ

ハウにもとづいた内定者研修がテンコ盛り。企業秘密のため内容を詳しくご紹介できないのが残念だが、私も含めて経営者の研修を担当される一流の講師陣がそのご経験を活かし、最新の人材開発理論とメソッドを駆使して内定者研修のデザインをお手伝いしてくださっている、とだけお伝えしておきたい。

このブーツキャンプで成長するのは、内定者だけではない。サポートする側の先輩社員も成長させずにはおかないところが、「共育」を掲げる我が社の大切な狙いの一つである。

なにしろ、内定者研修は、会社にとってはトッププライオリティの仕事の一つ。採用チームや内定者教育に関わる先輩社員は、内定者の成長に全面的にコミットしなければならない。時には、内定者をうまく導いてやれない自分の無力さに直面し、自信を失うこともある。

人と人との濃い関わりの中で生まれる、さまざまな挫折や葛藤、喜び、感動。その経験こそが、社員を大きく成長させ、世代を超えて仲間との絆を深める。これも、海兵隊のブーツキャンプに学んだ極意の一つだ。

では、なぜ内定者のために、これほど多額の教育予算や時間を費すのか。それは、一メートルでも高い地点から、社会人としてのスタートを切ってほしいからだ。

外山滋比古《とやましげひこ》は著書『思考の整理学』の中で、学生と社会人の違いを、グライダーと飛行機にたとえている。

学生が、自分では飛べない風任せの「グライダー」だとすれば、社会人は自分で考えて操縦できる「飛行機」。積んでいるエンジンも違えば、外見も設計も全く違う。

それと同じで、言葉づかいから見だしなみ、マナー、心構えに至るまで、学生と社会人とでは求められているものが全く異なる。

二〇〇八年に入社した広《ひろ》田《た》翔《しょう》が我が社を志望した理由は、

「大手企業だと入社してから研修が始まり、社会人として本当にデビューができるのは早くても半年後になると聞く。自分は四月の入社と同時に即戦力として活

内定者研修では４月から即戦力として活躍できるよう限界に挑戦し、自分の可能性に気づいてもらう。

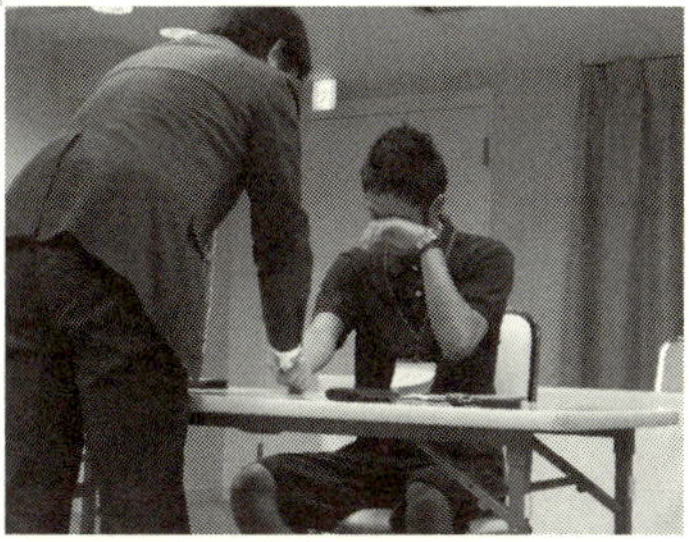

ロールプレイング研修では、内定者と外部講師が「面会」し、合格点に達するまで繰り返す。

躍したかった」

と話してくれたことがある。

彼に限らず、中小企業を志望する学生の主な動機は、大手企業の中で大きな歯車の中の「目立たない小さな歯車」として仕事をするのではなく、たとえ小さくても、「その歯車がなければ全体が動かないようなかけがえのない歯車」、つまり自分の存在意義を見つけ出し、会社という舞台で自分の仕事の意義を確かに感じられる仕事をしたい、ということのように感じる。

もちろん、そんなに簡単に「自分にしかできない仕事」ができるようになるわけではない。徹底して基本を学び、学生から社会人への苦しい自己改造が完成しての話である。

一方で、会社としても、そもそも体力が小さいだけに、一日も早く即戦力として貢献してもらいたいのが本音だ。だから私たちは会社説明会を通じて、

「クリエイティブな即戦力として活躍したい人を募集します。特別な資格はいっさい要りません。ただし、内定後、ご入社までみっちりと内定者研修を受けていただきます。私たちはこんな会社を創っていますが、ワクワクした人、一緒にやりませんか？」

というメッセージを出し続ける。

したがって我が社には、「クリエイティブな即戦力としてデビューしたい内定者」が集

まってくる。

なんとか四月一日付で、飛行機型としてスタートを切ってほしい、切らせてやりたい。それが、内定者と「心と心の契約書」を交わした、私の親心でもある。

会社説明会、採用選考、内定者研修、そして入社後の現場経験と社員教育。

将来の我が社を担う候補生に対して、あらゆる方法を駆使してトップの価値観を伝えながら、ホッピーピープルのＤＮＡを繰り返し教え、伝えていく。そうこうするうちに、植えられた種が「パン！」と音を立てて発芽する日が来る。学びの全てがつながり、視界が一気に明るく開けてくる瞬間だ。ここからグッと表情が大人に変わる。

幼さゆえに、不安定なぴよぴよたちに心が休まる暇はないが、手間隙をかけてせっせと育てながらぴよぴよが発芽する瞬間を誰よりも楽しみに、ひたすら待っているのはもちろんこの私だ。これから先、たくさんの楽しみが待っているかと思うと、教育ママ、鬼ボスをどうしてもやめられないのである。

「体育会組織」から「知的体育会組織」へ

私が研修プログラムの内製化に着手したのが、二〇一〇年。それ以来、我が社の社員教育は、以前とはずいぶん様変わりしている。

きっかけは、ＭＯＴコース（経営学修士）での研究だ。

大学院に通い始めてから、私は、ホッピービバレッジがあまりにも「体育会系」に偏り過ぎていることに気づいた。なにしろ、トップの私自身が、情熱と直感力だけを頼りに会社を経営してきたのだ。小山社長のところでは現場改善の方法論を学ばせていただいたが、論理的思考に基づく経営戦略の作り方を学んだのは、初めてだった。

それでも、我が社が「体育会組織」に生まれ変わったこと自体、以前の会社からは想像できないぐらいの革命的な出来事である。

私が入社する前は、ただ、ルーティンワークを黙々とこなすだけで改善意欲や成長意欲のカケラもない、まるでお化け屋敷会社だった。「これではいけない」と、小山社長のところで基本である環境整備のノウハウを学び、私たちは明るく元気な「体育会」に生まれ変わった。それまでのお化け屋敷状態を考えれば、まさに前途洋々たる未来。とにかくみんなで汗をかき、現場を改善していこうという意欲が、社員の間に浸透していった。おかげさまで会社の業績も順調に伸び、前途に何も問題はないように思えた。

ところが、大学院のゼミで自社のことを研究し始めた私は、次第に強く感じるようになっていった。「体感覚のみの経営は危険である」と。

経営者の勘は決して「思いつき」ではなく、培った膨大な経験知と、生来備わった先見性から生まれる「ひらめき」なので、「勘」と言ってもかなり確実性の高いものである。

しかし、経営をアカデミックな視点から学び、これまで私がしてきたこと、自社に起こった現象を全て理論でひもとけることを知った時、経験知と理論知、この二つに支えられた経営は盤石であろうと考えた。

新卒採用を始めて四年。世の中の経済情勢も厳しさを増し、若さと元気さだけでは、いずれ行きづまることは目に見えている。変化する市場のニーズを機敏にとらえ、お客様の要望にお応えして付加価値が提供できるようにならなければ、この会社の未来はない。

そんな危機感から、私は社長就任直後の二〇一〇年四月、会社の舵を大きく切ることにした。

こうしてできあがったのが、第六七期経営計画書だ。

この中で、私は「体育会組織から知的体育会組織への進化」を宣言。「理論と実践の融合」を目指し、社員教育のあり方や仕事のやり方を根本から見直すことにした。

「知的体育会」に進化するということは、車にたとえるなら、単に速く走るだけの車から、カーナビを搭載し、自分で行く先を決められる車になるということ。

具体的に何が変わったわけではない。現場での実践は今までどおりＯＪＴで学び、理論についてはＯｆｆ－ＪＴの研修で学ぶ。

しかし、ＯＪＴとＯｆｆ－ＪＴの意義づけが大きく変わった。

松下幸之助先生の有名なお言葉「松下電器は電化製品を作っておりますが、人も創っております」になぞらえ、「『我がホッピービバレッジはホッピーを作っておりますが、人も創っております』そう言い切れる会社にしていきたい」と私が口にし始めたのも、この頃である。

問題はここからだった。研究を進めるうちに、我が社の問題が「リーダーの不在」に起因することがわかってきた。

過去七年間の〝高度成長〟に陰りが見えたホッピービバレッジ。今後の会社の成長は、私直下のリーダー層を育てられるかどうかにかかっている。そのためにはリーダーを育てる仕組みを我が社に取り入れなければならない。私と社員たちとの新たな挑戦が始まった。

どうすれば、リーダーチームを育てられるのだろうか。

まず、「リーダーの条件とは何か」を定義してみた。

先行研究をあたってみると、経営学の分野ではリーダーシップ研究が百花繚乱。たくさんの経営学者が、いろいろな意見を言ってくれていた。

あふれる書物の中から、指導教官である寺本先生が勧めてくださった本を手にし、リーダーに求められる能力要件について学んだ。

たとえば、「情熱と勇気」「協調性」「将来に対する責任感」。これらについては、我が社もいささか自信がある。

ところが残念ながら、ある部分については、かなり点数が低いことを認めないわけにはいかなかった。

それは、「戦略的思考」。

なにぶん体育会組織としての歴史が長かったので、現状で弱いのは仕方がないとしても、会社が現在の危機を克服して次のステップに進むためには欠かせない能力だった。戦略的思考に必要な能力はいろいろあるが、特に「概念化力」「創造力」「表現力」の三つについては圧倒的に不足している、というのが私の分析だった。

固い話で申し訳ないが、少しだけ説明させていただこう。

「概念化力」とは、物事の本質を捉える力。

「創造力」とは、現状に何か一つ、新しい工夫を加えられる力。

「表現力」とは、伝えたいことを伝わるように伝えられる力。

この三つを徹底的に鍛えなければ、私たちは時代に取り残され、いずれ消滅の危機を迎えてしまうだろう。企業の最大の使命は永続性。これからも我が社が永く続いていくためには、一〇〇年を支えてきた良き遺伝子をしっかりと組織に根づかせなければならない。

そのためには「伝承力」も必要と考えた。

つまるところ、次世代のリーダーを育てるためには、「伝承力」「概念化力」「創造力」「表現力」の四つを集中的に鍛える必要がありそうだという結論に至った。そこで、全てのＯＪＴとＯｆｆ－ＪＴは、この四つの力の開発をベースにプログラムを組むことにした。

この知見をフルに活用したのが、二〇一一年の第六八期経営計画書だ。

この中に、私は「キャリアデザイン概念図」と「ホッピー大学Ｏｆｆ－ＪＴ体系」を盛り込んだ。キャリアデザイン概念図とは、経営幹部以下、社員に必要とされる能力の配分と基本スキルについて定義したもの。この概念図にもとづいて、内定者と全社員が受けるべき研修コースを示したのが、ホッピー大学Ｏｆｆ－ＪＴ体系だ。

その中には、社内留学や社外留学、リーダー・中堅社員を対象にした「コックピットマネジメント研修」や「社長との談話会」など、リーダーシップを鍛えるためのさまざまな教育コンテンツが盛り込まれている。

ホッピービバレッジは、「知的体育会組織」への進化を目指して、目下、試行錯誤の真っ最中だ。

コアバリューとコアスキル

会社は製造や営業、経理、広報など、いろいろな部門から成り立っている。

もちろん、仕事の内容によって、求められるスキルは違う。営業であれば企画提案力や折衝力、コミュニケーション力などが必要だし、経理であれば計数感覚や管理能力、部門間の調整力などが欠かせない。

でも、社員が専門スキルだけをバラバラに磨いても、それでは「仏作って魂入れず」。社員全員が、一つの方向に向かって力を結集することはできない。

そのためには、社員を固く結びつける共通の価値が必要だ。これが「コアバリュー」。

そして、コアバリューを実現するために必要となる共通のスキルが、「コアスキル」だ。

では、我が社のコアバリュー、コアスキルとは何なのか。MOTで研究を進めるうちに、私はこの問題に突き当たった。

実は、コアバリューやコアスキルというのは、それだけで修士論文が一本書けるほどの大テーマ。「新体制を五年でテイクオフさせる」戦略を考えるだけでも大変なのに、「トヨタウェイ」ならぬ「ホッピーウェイ」まで首を突っ込むことは不可能。それで、修論では内容までは触れずに逃げてしまおうと目論んだが、さすがお師匠様、寺本先生は許してくれなかった。

「次の研究テーマで採り上げたいと思います」

「ダメですね。コアバリューとコアスキルなしには、石渡さんの論文は成り立ちません。直感でいいから書いてください。大丈夫、社長の直感は割とはずれないものですよ」

やっぱり逃げられなかったか。不遜《ふそん》にもそんなことを思いながら、なんとかひねり出したのが、次に紹介するコアバリューとコアスキルだ。

コアバリュー「全てのお客様にホッピーをおいしく飲んでいただく」

これは、祖父の創業者・石渡秀から引き継ぎ、二代目の父・石渡光一が昇華させた企業理念からの一文だ。ホッピービバレッジを一〇〇年企業にした、不動の価値である。

では、このコアバリューを実現するためのコアスキルとは、一体何だろうか。これまでの経験や祖父や父から学んだことを思い出し、脳みそをしぼり出して浮かんだのが、次の三つだった。

コアスキル①「醸造力」

これなくしては、ホッピービバレッジは成り立たない。

祖父がノンアルコールビールの開発を思いついた大正末期以来、良質の麦芽とホップなど天然の素材にこだわり、独自で開発した発酵醸造技術による製造にこだわり続けてきた。こうして生まれたのが、半世紀以上をかけて磨き抜いた「ホッピー・テクノロジー（ホピテク）」だ。

コアスキル②「共鳴力」

ホッピー三代目である私と社員一人ひとりとの結びつきが濃いホッピービバレッジにあって、その強い絆のベースになっているのが「共鳴力」だ。

私が人財採用にあたり、共鳴力を重視していることは前にもふれた。この共鳴力こそが、今の我が社を支える最大の強みとなっていると言っても過言ではない。

トップと社員が共鳴力で結ばれているからこそ、難局にあっても、全員がとてつもない力を結集して乗り越えることができる。逆に共鳴力が衰えると、我が社はたちまち液状化現象を起こしてしまう。それを痛感したのが、３・11と二〇一〇年の五月ショックだった。

我が社の生命線である共鳴力だけは、絶対にぶれがあってはいけない。そんな思いで今年度から始めた社内勉強会が、「ミーナアカデミー」だ。

ミーナアカデミーとは、私の経営思想を社員たちに正しく理解してもらうことを目的とした勉強会のこと。全社員と内定者を対象とし、全社員は四つのクラスに分けて月に一度の割合で開講される。内定者は内定者研修のカリキュラムにしっかり組み込んである。

ミーナアカデミーのテキストは手作りだ。まず、ナレッジマネジメント部門の桜井めぐみが私の講演録のテープを起こし、その中からキーワードを拾う。特に私がよく使う言葉を選んでテキストを作成。勉強会では解説や直近のエピソードを加え、社員たちにゆっくり、じっくりと解説をしていく。

「ミーナ語録」とは口はばったいが、これも経営者の価値観や考え方を理解し、共有してもらうためには欠かせないツール。こうして社員の求心力を高めていくことを狙いとしている。

コアスキル③「やってミーナ!力」

共鳴力採用のおかげで、毎年ポテンシャル、モチベーションともに高い社員が仲間入りしてくれる。彼らの持てる力や意欲を存分に発揮してもらうために、私はさまざまなチャンスを提供し、全力でサポートすることが、彼ら、彼女らとの約束だ。

これが第三のコアスキル、「やってミーナ!力」だ。

「挑戦したい人は、思い切ってどんどんチャレンジして」

「あなたたちの失敗で、会社が潰れるようなことはないから安心して」

「手は離しても、絶対に目は離さないから大丈夫よ」

そんなメッセージを、常日頃から社内に向けて発信。社員が失敗を恐れず、安心してクリエイティブに挑戦できるよう、細心の注意を払っているつもりである。

これまでたくさんの方に支えられ、導かれたおかげで現在の自分がある私。育ててくださった諸先輩方へのご恩返しの意も含め、てっぺん目指して高い木をどんどん上っていく社員の真下でしっかりとマットを広げて見守るのが、社長である私の役割だと自負している。

トップと社員の信頼関係に支えられた「やってミーナ!力」。それが、我が組織の成長を支える原動力であることは言うまでもない。

修論執筆の必要に迫られて、渋々ひねり出したコアバリューとコアスキルだが、こうして見ると、意外に核心をついているような気もしてくるから不思議なものだ。

今や全社員の共通言語となりつつあるコアバリューと三つのコアスキル。あの時、「勇気を持って言葉にしてごらんなさい」とご指導くださった寺本先生のおかげと、心から感謝している。

人財育成加速化モデルの極意とは

現在、ホッピービバレッジの社員教育は、二つのコンテンツが柱となっている。一つは、「戦略的思考力を養う」トレーニング。もう一つが、「自分を知る」トレーニングだ。

戦略的思考の研修を始めた理由については、もう説明の必要はないだろう。MOTでの研究の結果、「リーダーに求められる能力要件」の中で私たちに一番欠けているのが、この力だとわかったためだ。

「必要十分条件は、徹底的に学んで攻略しよう！」

というわけで、戦略的思考トレーニングを始めたのが、二〇一一年四月。

と言っても、受講対象者はリーダークラスに限らない。リーダークラス以下、全社員が対象となっている。なぜかと言うと、会社全体にトップの考えや戦略を正しく理解してもらい、各自の仕事へつなげるためには、社員全員が、それらを理解する力を身につける必要があるからだ。それが、組織の底上げにつながり、次の一〇〇年に向けた成長への起爆剤となる。

そんなわけで、目下、私たちは会社を挙げて、戦略的思考トレーニングの真っ最中だ。

そして、もう一つの柱となるのが、「自分を知る」トレーニング。

これは、社外講師の先生が、ＮＬＰ（神経言語プログラミング）やコーチングの手法を活かして編み出した独自メソッドによるもの。自分の内面を見つめることで、目標の達成を阻んでいる自分の考え方や行動パターンなどを知り、課題の解決に役立てることが研修の主眼となっている。

こういう研修をやっていると言うと、多くの方々は、せいぜい数カ月に一度の、特別ワークショップ的なものをイメージされるのではないだろうか。

なんと、二つのクラスが開講されるのはそれぞれ月一回。合計で月二回、一カ月あたり三日間をたっぷり研修に費やす計算になる。そしてもちろん、休日返上での開催が基本姿勢である。

研修に要する時間は、戦略的思考のクラスが一回あたり三時間程度。午前中から始めて、場合によっては時間外授業となり、夕方までかかることもある。

「自分を知る」クラスは、一泊二日のワークショップ形式で行われる。

ところで、「自分を知る」クラスと言うと、何か自己啓発的セミナー的なものを想像されるかもしれない。もちろん、広い意味での自己啓発には違いないのだが、我が社の研修の特徴は、全ての学びが日々の業務と直結しているところにある。

たとえば、仕事で何か失敗やトラブルを経験したとする。そんな時は、研修という非日常の場で、自分を見つめ直す絶好のチャンスだ。

「なぜ、そんな失敗をしてしまったのか」

「その原因は、何だったのか」

「自分はその時、どう行動すればよかったのか」

二日間集中して、徹底的に自分と向き合い、自分に何が足りなかったのかを深く自問自答する。それだけではない。テーマによっては参加者全体で共有している。

こうして他の人の考え方、見方も学ぶことで視野を広げ、視点を深めることにつなげる。

そして、問題を乗り越え、自分の行動を変えるためにはどうしたらいいか、解決のための方法を自分で導き出していく。

適当に課題をこなしてさっさと寝ようとしても、プロの講師の目はごまかせない。そんなこんなで、研修初日は深夜まで、自分と対峙する作業が続く。

これが自己啓発セミナーなら、自分と深く向き合い、問題解決の糸口を見出したところでメデタシ、メデタシとなるところだが、我が社では、研修での学びを仕事の成果につなげなければ許してはもらえない。

学生ではなく、仕事という現場を持つ社会人が、現場に活かせない机上の空論を学んでも、それは「学んだ気になった」だけで、実際の行動は変わりにくい。それこそ無駄だと私は考えている。そして学ばせていただく貴重な時間は、お客様のご協力あってこそだということを考えると、一秒でも無駄にしてはいけないと思う。

大事なことは、「研修での学びを実践の場で活かし、血肉とすること」。そして、「会社の現場で経験したことを、研修の場で振り返り、その意味・意義を見出して再び現場に活かすこと」、すなわち体験の経験値化が狙いである。

自分の意識と行動をリアルタイムに変えていく。このスピード感こそ、ホッピー流・社員共育の最大の醍醐味。「普通の三倍のスピードでリーダーチームを育成する」と私が口にできるのも、決してゆえなきことではない。

とは言うものの、毎月こんなにディープな研修を受けさせられるのだから、社員のほうはたまらないに違いない。

自分の失敗や弱点はなるべく忘れたいのが人情というもの。それから逃げるどころか、毎月カンヅメで向き合わなくてはならないのだから、社員の苦労たるや、推して知るべしである。

次々に出される私からの挑戦状に、根を上げるどころか真剣に食らいついてきてくれる我が社員たちに、口は出さないけれど心の中では感謝している。

「リーダーがわからない!」選抜社員たちの苦悩

ここまでは、社員教育全般の話。

危機火急《ききかきゅう》の問題は、リーダーチームをどう育てるかである。

二〇一〇年の五月ショックをきっかけに、私がリーダーチームの育成に乗り出したことは前にもふれた。

リーダーマネジメントチームの結成こそ、ホッピービバレッジが次なる成長ステージに上れるかどうかの鍵！

そんな危機感からさっそく招集をかけたものの、頼みのリーダーたちがいざとなると動かない。

「リーダーって、急に言われてもなあ。何するんだろう？」

誰もが顔を見合わせて、ポカーンとしている。会社説明会の時、「私と一緒に経営に参画したい人は、この指とまれ」という呼び掛けに共鳴して入社してきたメンバーばかりのはずなのに、私が副社長から社長になり、いざ「リーダーチームを作って第三創業を実現するぞ」となった時には、結果として覚悟ができていない社員が続出した。中には、「まだまだ若いし、今、経営に参画しろって言われても」という本音を漏らした者もあった。

一年後にこの本音を聞かされて、私がどれだけ複雑な境地になったことか。「やっぱりそうだったんだ」と何となく安堵する反面、社長の危機感は、全く社員に伝わっていなかったという気抜け感。どうやら今回も私一人が空回りしていたらしい。

おまけに、リーダーチームの結成は、社内に少なからず波紋を呼んだ。中途入社組だけでなく、新卒組からもリーダーを抜擢したことで、社内がぎくしゃくしてしまった。

リーダーマネジメントチームを結成し、なんとか動かそうとウンウン唸っていた二〇一

○年秋。石津の様子がなんだかおかしいことに気づいた。
　そこである日、唐澤、石津を連れて社用で丸の内に外出した帰り道、居酒屋に入りそれとなく話を聞いてみることにした。すると――

「私には、リーダーの意味がわかりません。私には部下もいないし……。私はリーダーなんかじゃない！」

　と言って、大粒の涙をポロポロとこぼし始めたのだ。

　私の研究の進行状況とゼミでの発表を誰よりも近くで見聞きし、理解しているはずの彼女。リーダーマネジメントチームを結成した意義と意図だってどの社員よりも理解を示してくれていた。それがなぜ……？

　二人がかりでなだめるが、いっこうに涙の止まらない彼女を前に「コマッタ……」と心のうちで大きなため息をつく私。取り乱す後輩と顔を曇らせる私の二人を気遣ってか、心配そうな表情を浮かべる唐澤。

　そんなこんなで、リーダーチーム育成への道はしょっぱなから荒れ模様。育てる以前のゴタゴタ続きで、私は早くも頭を抱えたくなった。ホッピービバレッジきっての精鋭部隊となるはずのリーダーたちも、今一つピリッとしない。私と一緒にやりたいという気持ちは見せてくれるものの、第三創業を担うリーダーとしての責任も自覚も、一向に芽生えているようには見えない。

突破口を開いてくれたのは、ある社外講師だった。

リーダーチーム発足から一年後の二〇一一年五月。私のいない席で、先生がリーダークラスをこう叱ってくれたのだ。

「これまでのホッピービバレッジなら、社長がワントップで会社を引っ張っていればよかった。でも、過去八年間のバブルのような成長が止まり、今までと同じことを続けていても、もう会社の成長はない。この危機を打開するためにリーダーチームが結成されて、みんなもリーダーになることにコミットしたんでしょう。『まだ若い』ということは、全く言いわけにならないんだよ」

講師の先生に喝を入れられて、リーダークラスも少しは目が覚めたのだろう。どこか焦点の定まらなかった彼らの表情も、心なしか締まってきた。丸の内のオフィス街で大暴れした石津も、ついに腰を据える決意をしたようだ。

「私たちは経営に参画することにコミットして入社したのに、期待されても困るなんて思っていた。それじゃあ、何のためにこの会社に入ったのかわからない。今がその時だよな、と思ったんです」

もちろん、この逆転劇には伏線があったのは言うまでもない。

バックヤードで私と講師との間にどんなやりとりがあったのか、それはご想像にお任せしよう。いずれにしても、人財育成と経営課題の解決を両輪で目指すオーダーメイド研修のパワーがいかんなく発揮されて、私が社員たちの見ていないところでかなりホッとしたことには間違いない。

経営計画書の作成を通してリーダーチームを育てる

我が社のリーダー教育、ＯＪＴプログラムが「経営計画書の作成」だ。

まずは、ホッピービバレッジと経営計画書の関わりについて簡単にご説明しておきたい。

経営計画書とは、会社の方針を明文化したポケットサイズの小冊子のこと。数値目標も含めて、ホッピービバレッジの一年間の経営戦略をまとめた、大切な「航海図」だ。別名「黒手帳」とも言われ、社員必携の虎の巻となっている。

そもそも、私が初めて経営計画書を作ったのは〇六年。

小山社長の実践経営塾にお世話になり、見よう見まねで作ったのが最初だった。それ以来、社内改革のために欠かせないツールとして、毎年、この冊子を作り続けてきた。

「ぼちぼち、黒手帳の制作に、社員も参加させてみよう」

そう思ったのは、三代目の就任を間近に控えていた時のことだ。とは言うものの、会社の運命を決定する経営計画は、ふつうはトップシークレットとして扱われる最重要事項。たいていの会社では、社長か役員クラスの経営幹部が作るのが一般的だろう。現場の仕事しか知らないうちの社員に、本当に経営計画書など作れるのだろうか。

一抹の不安もないわけではなかったが、それでは「第三創業に参画してほしい」という私の呼びかけが、ウソだったことになる。そこで、ホッピーミーナ体制のスタートにあたり、清水の舞台から飛び降りるつもりで、社員に参加を呼びかけることにした。

手を挙げた有志で、二〇一〇年度の経営計画書策定プロジェクトチームを発足。私が作った全社戦略を受けて、部門戦略とチーム戦略にブレイクダウンする作業を、社員に分担してもらうことにした。

ちなみに、プロジェクトチームの半数は入社三、四年目のぴよぴよたち。彼らのがんばりもあって、ついに第六七期の経営計画書が完成。社員と私とが初めて一緒に作った「黒手帳」ができあがった。

そして、社長就任から二カ月後の四月八日。東京・六本木で開かれた経営計画発表会で、私はあふれる思いを胸に、会場につめかけた社員や新入社員のご家族、お取引先金融機関のみなさまの前で、第六十七期の経営計画を発表させていただいた。

最初は他社の真似から始まった経営計画書も、この五年間で仮説と実証を繰り返し、自《じ》家薬籠中《かやくろう》のものにしてきたという実感がある。どんな困難に遭遇しても、この経営計画書に立ち返れば、解決の糸口が必ず見つかるはず。

しかも、今年は第三創業の記念すべきスタートの年。社員のみんなには、ホッピービバレッジの「虎の巻」として使いきってほしい――。

そう、壇上から私は熱く語りかけた。いよいよ、社員たちと心を一つにして〝ミーナ・シップ〟を漕ぎだすのだ。私は感無量だった。

「五月ショック」が勃発したのは、そんな矢先のことだ。

まさに、急転直下。天国から地獄への直行便。愕然としたのも事実だが、一方でいよいよ本当の闘いの火ぶたが切って落とされ、背筋が伸びる思いの方が強かったかもしれない。

問題はどこにあるのか。せっかく戦略を作っても、それをしっかりと実行する仕組みができていないことだった。もっと言えば、戦略の本質を理解して、それを社員に正しく伝え、実行のために粉骨砕身できるリーダークラスがいない。それで、現場の社員はトップの意志を正しく理解できないまま、「正しいと信じて、間違ったことをしでかしてしまう」。

「三歩進んで二歩下がる」。相変わらず課題は山積みだが、それでも「持ってうれしい黒手帳」から「作ってうれしい黒手帳」へと、一歩前進したことには間違いはない。

次はいよいよ「戦略の実行」のトレーニングだ。

私は翌年度に向けて、また一つの作戦を立て、展開していくことにした。

リーダーチームに課した次なるミッションは、「戦略の実行」だ。

しかし、戦略の実行は立案よりはるかに難しい。これまで戦いの最前線で、一兵卒として従事していた者が、急に司令官と言われても、簡単に視座や視野・視点が変わるわけではない。行動パターンも一兵卒時代のまま、つまり彼らが一生懸命やっていることは「戦術の実践」に過ぎない。全員が目の前のことしか見なかったら戦いはどうなるだろうか。

以前、秘書室兼広報の石津がまさに「言い得て妙」な表現をしたことがある。それは、「小学生のサッカー」。みながボールを追いかけてしまうので試合にならないどころか、相手が賢ければ、瞬く間に攻め込まれてしまう。

全員が戦術の実践に夢中になるというのは、たとえればこのような状況であると申し上げれば、何となくイメージしていただけるだろうか。

我が社員ながら、彼らは真面目だ。土日を返上してのイベント参加。研修も進んで参加してくれる。しかし、「間違ったことを一生懸命にやっても」残念ながら成果は出ない。

相変わらず戦術の実践を心から一生懸命やってくれている我がリーダークラスの視座・視野・視点を〝戦略の実行〟へと一段高いところに上げるには、「戦略実行の仕組み（体形）」が必要とされた。

翌年、第六八期の経営計画書作成に向けて、リーダークラスを中核としたプロジェクトチームが再始動。私が作った全社戦略を受けて、各リーダーが部門戦略と部門戦術を作成。チーム戦略とチーム戦術、個人としての戦略と戦術、具体的な行動計画にまで落し込んでいった。

こうして完成したのが、二〇一一年度・第六八期の経営計画書。

これを今年こそ「絵に描いた餅」で終わらせないために、各リーダーたちが具体的な工程表を示す「マスタープラン」を発表したのは、その一カ月後のことだ。

これこそが、実行体系である。

今回の経営計画書で、変わったのは中身だけではない。リーダーチーム用に、特別仕様の経営計画書をあつらえたのも、大きな変化の一つである。

一般社員用の「黒手帳」と違い、リーダーチーム用の手帳カバーには、コーポレートカラーの可憐なさくら色があしらわれている。リーダーとは「人を育てる責任をも担う」存在。それにコミットした証として、リーダークラスには黒手帳ではなく、「さくらブック」を渡した。内容も若干異なっている。「さくらブック」を手にすることで、彼ら・彼女らのプライドが刺激され、自覚を促すことができたら——。さくら色にはそんな副次的な意味も込められている。

リーダーシップのある優秀な幹部社員をどう育てるか

我が社のリーダーマネジメントチームが抱えるもう一つの課題がある。

私が信頼する幹部社員、大森と森、両マネージャーの育成である。

大森と森は、それぞれ二〇〇三年入社と一九九七年入社の中途採用組。社内改革を始めた私が、会社に新風を吹き込むために採用した、いわばミーナ・チルドレン第一号だ。

その意味では、腹心中の腹心。糟糠《そうこう》の妻ならぬ「糟糠の部下」と言える。

二人とも三〇代後半にさしかかり、大森は赤坂本社を統括するマネージャーに、森は調布工場を実質的に統括する工場次長にまで上りつめた。言うなれば、営業部門と製造部門を統括する我が社の二枚看板。まさに経営陣の一角を占める、堂々たる幹部社員だ。

ところが、この二枚看板が育っていないという現実が、次第に明らかになってきた。

発端は、二〇一一年五月の全社員面談。

四月の経営計画書発表会の一カ月後に、各リーダーが部門ごとにマスタープランを発表。これを受け、私は社員全員と面談することになった。

今年度のあるべき姿は何で、現在とはどんなギャップがあるのか。今、抱えている課題は何で、それをどうクリアしていくのか。話は大いに盛り上がり、気がついたら予定時間を大幅に超過することもあった。

ところが、肝心の二枚看板の反応が思わしくない。

話をしているうちに、彼らが経営戦略を全く理解していないことに気がついた。「戦略実行部隊」であるリーダーの上司であるにもかかわらず、だ。

現場レベルの発想から抜けられず、経営をマクロな視点で理解することができないのだ。これは深刻だった。

むしろ、彼らの部下の方がよほどレスポンスがいい。リーダーマネジメントチームはすくすくと育っているのに、その上司にあたる二人が取り残されている。中途入社組のマネージャーと、部下の新卒組との間に、いつのまにか大きな差が開こうとしていた。

「シマッタ」と思った。

これは、完全な私のミスだった。

大森も森も、社歴が長いだけに、現場での実践経験は誰にも負けないものを持っている。社内改革の焦点が「現場の改善」だった頃は、それで何の問題もなかった。

事態を一変させたのは、私のビジネススクール進学だった。

私がＭＯＴで学んだ知識を会社に持ち込み、矢継ぎ早にマネジメントに活用し始めたものだから、二枚看板はすっかり調子が狂ってしまったのだ。

なにしろ二人は、ホッピー社が社運を賭けて取り組んでいる、戦略的思考トレーニングをこれまでに受けたことがない。なのに、社長がビジネススクールに行ったとたん、

「どうして経営戦略を実行してくれないの」

と、しょっちゅう叱るようになった。

でも、彼らには、どうしていいかわからない。以前と変わらず、一生懸命現場で仕事に取り組んでいるのに、「変わらない」という理由で社長の逆鱗《げきりん》にふれてしまう。これでは、二人が戸惑うのも無理はなかった。

そうこうするうちに、二枚看板と新卒組との間もぎくしゃくし始めた。

新卒組は全員が内定者時代から、リーダー教育を受けて育てられていると言っても過言ではない。頭でっかちで経験値も圧倒的に不足しているが、偏差値だけは高い。そんな彼らから、

「社長の言うこととマネージャーの言うことが違う。私たち、どうしたらいいの?」

と、不満の声が上がり始めたのだ。

実践経験は豊富だけれど、戦略思考のトレーニングが不足しているシニアチーム。思考のトレーニングだけは積んでいるが、実践経験が足りないジュニアチーム。中身は違えど、理論と実践を結びつけられないという点では同じだ。このまま放っておけば、社内に修復できないほどの亀裂が広がりかねない。

そこで、二〇一一年春から、二枚看板を対象に、マネージャー研修をスタートさせた。名付けて「プロマネブーキャン(ブーツキャンプ・フォー・プロフェッショナルマネージャー)」。「その出来事がなぜ起こったのか」「その原因は何か」「自分たちはそこでどうするべきだったのか」を、マネージャーの視座、視野・視点に立ち、徹底的に考え抜いてもらう。

前にふれた「自分を知る」クラスの幹部版だが、二人の立場が立場だけに、その厳しさは到底比較にならない。

そして、社長の私も彼らとゼロベースで向き合い、二人の成長を全面的にサポートする覚悟だ。彼らを置き去りにしたのは私なのだから、私にも責任の一端がある。絶対に二人を見捨てることはせず、最後まで伴走することを約束した。

とは言うものの、状況は楽観を許さない。

彼らの後ろには、優秀なリーダークラスが控えている。ビジネスの現場は、まさに下剋上の世界。打てない四番打者には二軍に行ってもらうしかない。それがいやなら、当の本人が覚悟を決めて変わっていくしかない。

「この一年間で変わらなければ、マネージャー職を更迭する」

厳しいようだが、彼らと約束している。

幸い、二枚看板はやる気満々。何があっても私についてきてくれるはずだ。人柄がよく、部下の人望も厚い彼らのこと。この一年間で戦略的思考を徹底的に鍛えれば、文字通り私の二枚看板として、我が社の第三創業を担う経営幹部に育ってくれるだろう。

心から信頼する大好きな二人に、一日も早く成長してもらいたい。そして、お互いの齟齬に苦しんだ日のことをホッピー片手に笑って話せる日を、私は心待ちにしている。

第四章

社員が語る“成長実感”

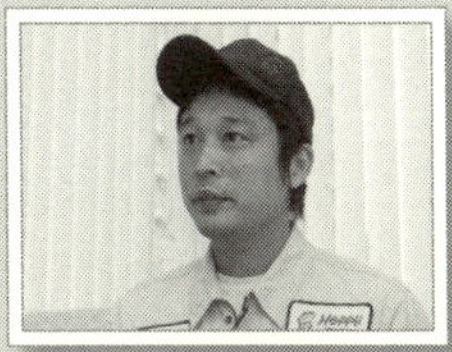

将来はCFOとして、社長のブレーンを務めたい

管理部門係長　二〇〇七年新卒入社　唐澤《からさわ》　舞《まい》

就職活動を始めた頃は、正直、「あまり働きたくない」というのが本音でした。サークルの先輩から、「入社してすぐ辞めちゃった」「会社がつまんない」という話を聞いていたので、全く働く意欲が湧かなかったんです。ちゃらんぽらんな気持ちで就職活動をしている人間が採用されるわけもなく、いろいろな会社を落ちまくりました。そんなドン底にいた時期に、ホッピービバレッジと出会ったのです。

今でも忘れられないのは、採用選考中に参加した懇親会でのことです。なんと石渡の真正面に座ることになり、「これは絶対に失敗できない」と、ものすごく緊張しました。その時、三冷のホッピーを初めてちゃんと飲んだのですが、あまりに美味しくて、ガバガバ飲んで酔っ払ってしまったのです。

酔った勢いで、「実は私、働きたくないんです！」と、社長に正直に告白してしまいました。普通の経営者なら「あなた何、言っているの」で終わるところを、石渡は三〇分以上も、滔々と熱く語ってくれたんです。「そんな風に考える学生さんも多いけれど、私は社員がいつまでも夢をもって働けるような会社を作りたいんだ」と。「こういう社長がいる会社で働けたら、きっと楽しいだろうな」と思いました。その後はもう一直線。「何が何でも入る！」という思いで内定を勝ち取ったのです。

石渡が内定者に「誰か、学校の単位を取り終わっていてアルバイトできる人！」と呼びかけたのは、それから間もなくでした。

すぐに手を挙げたところ、配属されたのは経理部門。当時の経理部門は、仕事がブラックボックス化していて、担当者でなければわからない「聖域」になっていました。月次試算表も半年以上先でないと出てこないので、会社の経営実態がわかるまでにタイムラグが発生してしまう。もし何か問題があれば手遅れになるので、石渡は月次試算表をもっと早く出すよう要求していました。ところが、経理の担当者は全く耳を貸さない。それで、石渡は経理部門の改革を急いでいたのです。

そこに突っ込まれたのが、何にも知らない私でした。経理の知識は何もなかったので、社内改革のサポートで来られていた株式会社武蔵野の方に仕事を教えていただきながら、体当たりで仕事を覚えました。石渡の希望通り、月次試算表を翌月に提出できる体制が整ったのは、その一年半後のことです。

入社二年目で経理の責任者に

入社後は、何度も壁にぶつかりましたね。一番大きかったのは、入社二年目の冬に「部下を持ったこと」です。

当時の経理部長が退職することになり、私と一年後輩の河内が二人で経理部門を回すことになりました。「経理部長を新しくつける？　それとも二人で経理をやってみる？」と石渡に聞かれて、「二人でやってみたい」と答えたのです。

それからは、毎日が無我夢中。今年で入社五年目になりますが、今一番の課題は、いかに部下のモチベーションを高めるかということです。やはり、一つの部門を任されている責任は重い。みんなが成長する喜びを感じながら、仕事できる環境にするにはどうしたらいいか。それが日々の課題ですね。

もう一つは、入社一年目の冬に、採用担当にチャレンジしたことです。初めて石渡の直属になったのですが、最初は叱られてばかりでした。メールにも毎日のように赤ペン指導が入り、石渡からの電話をとるのが怖くなったほどです。

そうこうするうち、なんと内定者全員から、内定を辞退されてしまったのです。何がいけなかったのか自分ではさっぱりわからず、悩みに悩みました。

当時のメールを見返してみると、本当に青ざめることばかりです。一緒に働く人への気配りや、応募してくれた学生さん、内定者への配慮が全くなっていない。「私、大変です！」というのが行間ににじみ出ていて、自分のことしか見えていなかったんですね。

当時は、ただ厳しくすることが指導だと勘違いしていたんです。威圧的に「あれ、やってよ！」

と言うばかりで、あれでは共感なんか得られるわけがない。それに、仕事の意味も全く説明していないので、内定者にしてみれば、体が動くはずもない。それなのに、「ちゃんとやらない」と怒ってみたり、自分が頼んだことを忘れて放ったらかしにしたり。今振り返ると、冷や汗が出てきます。

今は入社二年目の伊藤が採用リーダーなので、私のミッションは、彼女が一人前の採用リーダーとして動けるようにバックアップすること。内定者の表情や言動に注意して、ちょっとしたサインも見逃さないように気をつけています。

入社以来、何度も壁に直面しましたが、ビッグウェーブを乗り越えるたびに、少しずつ強くなっている実感がありますね。いつも内定者のことを考えているので、最近は夢にまで出てくるようになりました。たまに夢と現実の区別がつかなくなって、「あれ、この間会ったよね？」と言ってしまい、「なんですか、それ？」と返されて慌てることもあります。

昨年、リーダーマネジメントチームの一員になったのですが、仲間うちでは、「前よりも落ち着いた」「大らかになった」と言われるようになりました。以前は、割と三日坊主なところがあったのですが、今は、一度決めたことは最後までやり抜くようになりましたね。それには、研修での学びも大きかったと思います。

最近、数人の社員が、この会社を離れていきました。内定者の頃からかかわってきたメンバーもいたので、「何かもっとできたはず」と自責の念を感じています。彼らが悩んでいた時、自分にもっとできることはなかったのか。これからは、二度とそういう人を出したくない。そんな決意で仕事に臨んでいます。

将来はＣＦＯ（Chief Financial Officer）として、社長の本当のブレーンになりたい、というのが目標です。私が「こんな会社だったらいいな」と思うのは、どんな壁にぶつかっても、みんなが志を一つにして前進できる会社。石渡も「チャレンジしていいよ」と言ってくれるので、それを体現した会社でありたいですね。

いずれは子どもを産みたいですが、今では、仕事なしの人生は考えられない。仮に会社を離れることになったとしても、なんとかして道を切り拓いていきたいな、と考えています。

何度も大波にさらわれながら、そのたびに成長してきた

ナレッジマネジメント部門
秘書室兼広報　二〇〇八年新卒入社
石津《いしづ》　香玲良《かれら》

「自分がいつか社長になった時に、一緒に頑張ってくれる人を探しています」

そう会社説明会で石渡が言うのを聞いて、「なんて面白そうな会社だろう」と思ったのが入社のきっかけです。

採用選考中に、初めて黒の樽ホッピーを飲んだことも決め手になりました。私は東京出身で、ホッピーの市場も東京が中心なのに、それまでホッピーなんて、見たことも聞いたこともなかった。「こんなに美味しいお酒があることを、知らない人がまだたくさんいるはず。すごくやりがいのある会社だなあ」と思ったのです。

とはいえ、入社後はいろいろと大変でした。

私は、人の意見に引きずられてしまうところがあります。誰かの話を聞くたびに、「そうだよな」と思い、自分の軸がブレてしまうんです。

二〇一〇年の秋頃になると、石渡の大学院での研究が佳境に入り、会社のビジョンも明確になりました。石渡の話を聞いている時は「その通りだな」と思うのですが、ふと社内の現実を見ると、石渡が目指している姿とは大きくかけ離れている。そのギャップに、すっかり戸惑ってしまったのです。

戸惑いがピークに達したのが今年の二月でした。「私は一生懸命仕事をしているのに、同期の営業で、外回りに出た時に遊んでいる人がいる！」と、私は石渡にかみついてしまいました。石渡と同期との板挟みになって、自分を見失ってしまったのです。

「期待が妄想だった」と気がついた

「頭を冷やしなさい」

その後、二週間ほど石渡から塩漬けにあい、自分と向き合わざるをえませんでした。おかげで、自分の身に何が起こったのかを理解し、頭を整理することができたのです。そんなこともあって、一度は壁を抜けたように思ったのですが、その後も体調不良が続き、悶々とする日が続きました。

私はもともと、「○○しなければならない病」なんです。「自分はこうでなくちゃいけない」と勝手に決めつけ、がんじがらめになって苦しんでしまう。石渡には、「もっと自由にのびのびやっていいんだよ」と言われていたのに、自分で自分を縛り、勝手に「期待に応えなきゃ」と思って空回りしていました。さらに、自分も人に対して勝手に期待してしまっていたことに気がついたのです。

たとえば「マネージャーなら、こうあるべきだ」などと、人に期待しすぎてしまう。見えないものに縛られ、勝手に苦しんでいたことにやっと気がつきました。それで、肩の力がかなり抜けましたね。

研修で、「広報としての仕事を全部棚卸する」という課題をもらったことも、大きなきっかけになりました。そうこうするうちに、ある日突然、小さな気づきが全部つながって、「期待が妄想だった」ということに気がついたんです。それが忘れもしない、六月二九日。奇しくも誕生日の直後です。それは、この会社に入って一番成長を実感した瞬間ですね。

それまでは、仕事を「やらされている」という感覚がどうしても抜けなかった。自分は人の期待を背負って仕事をしているという思い込みが、「やらされ感」につながっていたのだと思います。それからは、仕事に対する考え方もかなり変わりましたね。

今、研修で新たに取り組んでいるのが、「職業観」。自分にとって仕事とは何か、生きていく上で仕事にはどんな意味があるのか。この課題について、もっと掘り下げていきたいと思っています。

これからは、この会社をきちんとテイクオフさせるために、中心となって石渡を支えていきたい。それと同時に、自分の能力を活かして、「これだけは私じゃないと!」というプロとしての道を見つけ出したいと思っています。それはきっと、将来の大きな自信になると思うのです。

「限界越え」で営業に開眼

人財開発部門 新人教育チーム
(営業担当) 二〇一一年新卒入社
橋本《はしもと》 鉄也《てつや》

ホッピービバレッジの採用に応募したのは、お酒の席が大好きだったからです。

内定が出たのは四月中旬で、就職活動もまだこれからという時期。他にも食品や飲料業界の企業を回っていたので、なかなか決心がつきませんでした。「このまま入社してもいいのかな」と、漠然と悩んでいたんです。

石渡社長の講演会に同行したのは、そんな時でした。社長の出番の直前、社長から直々に、こう言われたんです。

「ベストな選択なんてない。何がベストなのかは、自分が入社してからどれだけ頑張るかで決まる。自分が選んだことを自分の手でベストなものにするのが人生だ」と。

ふつうの会社なら、内定者が社長と直接話をする機会なんてないと思うんです。石渡はこんなに社員一人ひとりのことを思ってくれる。この会社なら、きっと自分のことを大切にしてくれると思いました。それが、ホッピービバレッジに入社した最大の決め手ですね。

内定者研修が始まった後も、石渡はどんなに忙しくても必ず駆けつけてくれるんです。訪問販売の成績を競う内定者セールス研修に参加した時も、石渡は応援メールを送ってくれました。あの時は、本当に社長の愛情を感じましたね。

入社後は営業として、赤坂エリアを担当しています。でも、引っ込み思案なところがあるせいか、最初のうちはなかなか成果が上がりませんでした。まだ、ホッピーを扱っていただいていないお店に飛び込み営業をかけるのですが、なかなか自信が持てず、足も止まりがちだったんです。自分の中で明確な目標がなかったことも、成果が出ない理由の一つだったと思います。

自分で勝手にバリアを作っていた

転機となったのは、新入社員同士で営業成績を競う、七～九月の「夏の陣」でした。

私は内定者研修の時から「自分は同期で一番に

なる」と言い続けていたのですが、まだトップの成績をとったことがなく、今回は何としても一番になろうと思いました。同期たちに負けたくない一心で、何としても売上目標を達成しようと心に決めたんです。

与えられた目標を達成して、なんとしてもライバルに勝ちたい。負けず嫌いな性格に火が付きました。そのためには、何が何でも新しいお客様のもとに飛び込んでいかなくてはいけない。自分で限界を作っていてはだめだな、と思ったんです。

それからは、それまで避けていたバーやクラブにも足を運ぶようにしました。バーやクラブはお店の方の出勤も遅いので、営業をかけようとすると、どうしても遅い時間になってしまう。それでためらっていたのですが、ホッピーのお客様は普通の居酒屋さんが多いので、バーやクラブは未開拓の部分も多いはず。これはビジネスチャンスだと思いました。

思い切って営業に回ってみると、バーやクラブのママさんは居酒屋さん以上に、話を聞いてくれる方が多いんですね。やはり接客業のプロなので、お客様から学ぶことも多い。商談抜きで、いろいろと人生相談に乗ってくれるお客様もいらっしゃいます。

『バクおじさんの家』も、こうして出会ったお店の一つです。赤坂に三〇年前からあるお店なんですが、それまで先輩も、誰一人として訪問したことがなかったんですね。通路をはさんで向かい側の店にはホッピーを入れていただいていたので、店長の高橋さんは、「どうしてうちには来ないんだろう」と不思議に思っていたそうです。地下一階で暗い場所にあるので、先輩もどんな店なのか想像がつかなかったのでしょう。六月に思い切って訪問してみたら、すぐに「ホッピー入れるよ」と言っていただけたんです。

クラブやバーは、ホッピービバレッジにとってはまだまだ未開拓の分野。新しいお店も毎月オープンしています。そのチャンスを無駄にするのはもったいない。『バクおじさんの家』のように、小さなお店でもよいお客様になっていただける場合があるので、これからは一軒ずつ丁寧に回っていきたいと考えています。

今思えば、入社当初は、自分でバリアを作っていた部分があったように思います。

「自分なんかが行ってもしようがない」「ここは、こういうお店だから扱ってもらえない」と、勝手な思い込みで二の足を踏んでいたんですね。でも、今は「とりあえず行ってみよう」という気持ちに変わりました。ダメならダメでいいや、それから考えよう、と思えるようになりましたね。

この一年は、赤坂エリアで一人当たり四〇店舗、赤坂担当の営業四人で一六〇店舗増やすのが目標です。まずは営業の仕事に専念し、いずれは会社全体を見るような仕事がしたいと思っています。

「マネージャーとは何か」をゼロから学び直す

赤坂本社ゼネラルマネージャー
二〇〇三年中途入社
大森《おおもり》　啓介《けいすけ》

ホッピービバレッジに中途入社したのは二〇〇三年。ちょうど、石渡が副社長になった頃でした。前職がホテルのサービス業務で、営業は未経験だったので、石渡のセールストークやしぐさを真似しながら、がむしゃらに仕事を覚えました。でも、あまり苦労は感じなかったですね。毎日毎日があっという間に過ぎていく感じでした。

赤坂本社のマネージャーになったのは二〇一〇年三月で、石渡の社長就任とほぼ同時期です。今は営業部門を統括していて、新入社員も含めると一三名の部下がいます。

僕は体育会系なので、入社当時は頭を使わなくても、体を動かしていれば何とかなったんです。ところが、石渡が早稲田に行くようになってから、戦略だなんだという話をするようになりました。それが、僕にはよくわからない。「こういうふうにすれば歯車が回るよね」という理屈はわかるんですが、それを行動に結びつけられないんです。

以前は、社長の考えはよくわかっているつもりでしたが、この頃は、社長との距離がすっかり開いてしまったようにすら感じます。これまでは「ぶっつけ本番」でいろいろなことにトライして、その蓄積でなんとかやって来られたんですが、時代も変わり、昔のやり方はもはや通用しなくなっていることを痛感する毎日です。

僕はマネージャーとして、他の社員に指示を出す立場にあるので、今が一番大変ですね。今の新卒組は能力があるので、僕も負けてはいられない。ただ、僕にできないのはリーダーとしての経験がないせいだということを、社長も理解してくれたようで、今は「ゼロからやっていきましょう」と言ってくれています。期待されているのはわかるので、裏切らないようにしたいですね。

「人と本気で向き合うこと」が課題

今、工場次長の森と一緒に、「プロマネ・ブーキャン（ブーツキャンプ・フォー・プロジェクトマネージャー)」というマネージャー研修を受けています。マネージャーとしての心構えを学びながら、過去の自分を捨てて、「マネージャーとは何か」ということを学び直しているところです。

研修で気づかされることは多いですね。たとえば、主観的にではなく客観的に物事をとらえることとか、相手を尊重することとか。

僕は、部下と話している時、無意識に舌打ちしてしまうことがあるんです。知らず知らずのうちに「面倒くさいな」という態度をとってしまう。これでは、部下がそれ以上質問できなくなって、コミュニケーションが途絶えてしまいます。これも、研修で気づかされたことの一つですね。

結局、今までの自分は、相手のことをきちんと考えていなかったんですね。部下の言うことを客観的に理解しようとせず、自分で勝手にわかったつもりになっていた。たとえば、部下が「車の運転がわからない」と言ったとします。一言で「わからない」といっても、「車の動かし方がわからない」とか、「ドアロックの仕方がわからない」とか、いろいろな理由がありますよね。にもかかわらず、相手の真意を理解しようとせず、勝手に「こうだ」と決めつけてしまう。

部下に「わからない」と言われた時は、「どこがわからないの?」と一言聞くだけでいい。そうすれば、物事は全く変わってくる。たとえばそんなことを、研修では学ばせていただいています。

今、自分にとって一番の課題は、「人と本気で向き合っていくこと」です。

二〇一一年七月に、営業職が何人か辞める事件があったんですが、僕が彼らときちんと向き合っていなかったことも、原因の一つだと思っています。僕はマネージャーとして、彼らが出していたサインに気づくことができなかった。これからは、こういう形での退職者は出したくないので、「人と向き合う」ということがどういうことかを、本気で勉強していかないといけないと思っています。

以前の僕は、何かあれば「飲みに行こう」と誘い、それでコミュニケーションをとったつもりになっていた。でも、それは「人と向き合う」こととは違う。「飲みニュケーション」も、何か目的を達成した後の余韻を楽しむならいいのですが、惰性で飲むとロクな話にならない。そんなことをするぐらいなら、お酒抜きで話を聞けばいいわけです。その意味で、「向き合い間違い」「寄り添い間違い」をしてはいけないな、と思いますね。

今は勉強中で、まだまだ成長を実感するところまではいきません。石渡社長を支える要の一人として、自分なりにどういう姿を目指せばいいのか、それを模索しているところです。自分も研修を通じて少しでも成長し、第三創業の離陸を担う一翼となりたいと思っています。

当面は、石渡の言う「第五ビジネスモデル」に合ったお店を五〇〇件新規開拓するのが目標です。ホッピーをメインに扱っていただけるパートナーとも呼べるお店をたくさん作って、老後にお店を回れたら楽しいですよね。六〇歳、七〇歳になった時、ホッピーで一杯やりながら、社長や同僚・後輩たちと「あの時、こんなことがあったよね」と笑って語り合いたい、と思っています。

命がけで作ったホッピーを、命がけで被災地に届ける

製造部門 ボトリング課
二〇〇八年中途入社
横山《よこやま》 健一《けんいち》

ホッピービバレッジの中途採用に応募したのは、好きなお酒を自分で作ってみたいと思ったからです。

入社後は調布工場に配属され、ボトリングを担当。今年三月に本番稼働した新生産ライン、『ウエストライン』の立ち上げも担当させてもらいました。

でも、新生産ラインの立ち上げはトラブル続きでした。

工事は一年以上前から始まったのですが、ラインの組み立てスケジュールは遅れに遅れました。本来なら、昨年一〇月か一一月には組み立てが完成する予定だったのですが、ゼロから新しく生産ラインを作るというのは大変なことらしく、設計図通りに配管を組んでも、予想もしていなかった問題が次々に出てくるんです。それを手直ししたり、当初は予定になかった設備を追加したりするうちに、スケジュールが遅れたのではないでしょうか。

今年の一月になってもまだ設備が完成せず、ようやく試運転が始まったのは一月末から二月にかけてでした。本来、その二カ月前には操作研修を終えていなければならないのですが、現実には何もできていない。それで、年が明けてから試運転を行う一カ月の間に、組み立て作業をしている業者さんのそばで質問しながら、大急ぎで機械の操作方法を学んだのです。一月はほとんど休みをとる暇もありませんでした。とにかく必死でしたね。

こうして、三月六日に新生産ラインが本番稼働したのですが、本番稼働後にけっこう大きな事故があったんです。新しく入れた洗瓶機が中古の機械で、瓶を洗う時の肝にあたる機械の一部が、ポキっと折れてしまったんですね。そのままにしておくと、瓶がうまく洗えないので、大事故につながりかねない。それで、休みも返上して修理に立ち会いました。

そうこうするうちに3・11を迎えたのですが、工場には全く被害がありませんでした。あれは本当に奇跡でしたね。震災の瞬間は洗瓶機の前にいたのですが、あれだけ大量の瓶が積んであるのに、一本も割れなかったのは、奇跡としか言いようがありません。配管があそこまで動いたら、クラック（ヒビ）が入って当然なのですが、蒸気の漏れも全くなかったですから。

一人ひとりの使命感が生産能力を高めていく

震災後に不眠不休で頑張ったのは、「絶対に欠品を出してはいけない」と社長に言われたことも大きいですね。それに、「自分たちが新ラインを任されている」という使命感もありました。

後で聞いたのですが、震災の後、石渡がホピトラを運営するソニックフローの西脇社長と話した時に、僕らが命がけで作ったホッピーを、ソニックさんが命がけで被災地に届ける、という話をされたそうなんです。その話を聞いて、ハッとしましたね。改めて「絶対に欠品を出してはいけない」という使命感が湧いてきました。

新ラインの立ち上げは今回が初めてだったのですが、機械本来の生産能力の上限までレベルを上げるには、ふつうは半年から一年はかかるそうです。「ホッピーさんが三カ月でそのレベルまで持ってきたのは、すごいですね」と業者さんに言われました。

なぜ、それができたかと言うと、「せっかく立派な工場を作ってもらったのだから、本来の能力を活かさないと意味がない」という使命感を、同じ部署にいる現場の三人が共有していたからです。

コンベアの細かい調節や速度の微調整など、少しでも効率のいい方法を考えては、ああでもないこうでもないと、いつも三人で話していました。わずか九万本を作るだけでも夜一〇時を過ぎてしまい、そこから瓶の洗浄に入るのですが、終わった頃には日付が変わっている。「ああ、もう帰れないや」と言って工場に寝泊まりする。その繰り返しでしたね。

最近は、研修をきっかけにして、いろいろなことを考えるようになりました。

今、ＷＩＰＥ（早稲田経営品質研究会）やさくら総研の前田英三郎先生のところで研修を受けています。

研修のテーマは、工場の活性化や自己啓発。前田先生の「言葉の環境整備研修」は、人間同士のコミュニケーション能力向上がテーマなのですが、仕事をする上で、すごく勉強になりますね。

WIPEの研修では、自分たちが決めた課題に一年がかりで取り組んでいます。参加者の方々の話を聞いていると、大企業でも、結局はコミュニケーション能力と社員のモチベーションが課題になっている。この二つは、会社にとって、とても重要だと思いますね。

研修を受けたことで、自分自身も変わりました。以前は、他の人の意見を頭から否定したり、自分の意見の方が正しいと主張するようなところがあったのですが、今は否定から入るのではなく、まず相手の言うことを受け入れてから、自分の意見を言うようになりました。そのほうが、相手も僕が言ったことに納得してくれるんです。これも、研修での学びを通じて変化したことの一つですね。やはり、自分自身が変わっていかないと、工場はよくなりませんから。

今考えているのは、調布工場と赤坂本社の距離をもっと縮められないか、ということです。「調布工場と赤坂本社は一体」という感じで言われてはいるものの、やはり、まだまだ距離がある。製造部門にはお客様の情報がないので、営業部門や広報部門が、製造部門に向けて情報発信してくれたら、もっと現場が変わるのではないかと思います。

先ほどのソニックフローの西脇社長の話もそうですが、そういう情報をもっと製造部門に伝えてくれると、みんなグッと来ると思うんです。そういうことが大事なのではないかと、最近すごく思いますね。

第三創業に向けて、これから若い人がどんどん入社してきます。彼らのモチベーションを上げ、コミュニケーションの質を高めていかなければ、工場は活性化しない。働いている人が「明日も工場に来たい」と思えるかどうかが、現場の活性化を測る一つの目安になるのではないでしょうか。「ああ、疲れた。会社に行きたくないな」と言っているようでは、よいものは作れない。「よし、明日もがんばろう」と、みんなが言える現場にしていきたいですね。

【社員座談会】

自分を縛ることから解放された

Q　みなさんは、ホッピービバレッジに入社する前と後とで、どう変わりましたか。

唐澤：まず、職業に対する価値観が変わりましたね。入社後も初めのうちは「楽しいことがしたい！」という考えが強かったんですが、働いていると、酸いも甘いも含めていろいろなことがある。その意味では、考え方もずいぶん変わったような気がしますね。

大森：唐澤さんとは、採用選考の時から懇親会で合流することがあったけど、本当に元気な新卒一期生だったよね。「お酒が好きな女の子」という感じ（笑）。ご飯を本当においしそうに食べていた姿が印象に残っています。

唐澤：それ、よく言われます（笑）。

私もいろいろありましたけど、さまざまな変遷を乗り越えて来たという点では、やっぱり石津ですよね。「石津・大阪事変」[※1]をはじめ、年に何回か事件があるんです。そういう時は、石渡から必ず、困った声で「また、石津がさあ……」と電話がかかってくるんですよ（笑）。

以前と比べて彼女が一番変わったのは、視野が広がったことですね。エビの尾っぽの先しか見ていなかったのが、全体が見られるようになった。これは大きいと思いますね。

※1：石津・大阪事変
二一四ページ参照

入社した頃の石津は、言葉に縛られるところがあったんです。研修で、「一日の気づきを何でもいいから書きなさい」と言われても、二、三個しか出てこなくて……。悶絶しながらパソコンの前で、居残りの子どもみたいに頭を抱えていたよね。今は研修でも、バンバン気づきをノートに書き出しているけど。

石津：そうですね。最近になってやっと、自分を縛ることから解放されたというか。頑固という意味では橋本も負けてませんよね。入社したばかりの頃は表情も固かったけど、日々、お客様と接する中で、どんどん明るくなってきたような気がします。

大森：橋本の場合は、コツコツ仕事をする中で、自信ができた部分もあるんじゃないかな。内定が出た後、入社を迷っている時に、「いつまで迷ってるんだ」と石渡社長に回し蹴りを食らったでしょう。入社してからも、「僕は売上成績で一番になる」と言いつつ、なかなか一番になれなくて。橋本[※2]は名前の通り、鉄のように頑固なところがあるんだよね。まあ、僕も人のことは言えないけど（笑）。

横山：橋本君は内定者時代に、工場のウエストライン[※3]に配属されたことがあったよね。その時に思ったのは、やることがいちいち、いい意味で真面目（笑）。現場向きなんだよね。

一回、機械に潤滑剤を打つ作業の時に、彼が鎖をコンベアに絡めて、機械を止めてしまったことがあるんです。その時、彼が土下座する勢いで謝ってきたんですよ。たいがいの人は、「すみませーん、絡まっちゃったんですけど、見てもらっていいスか？」とか言うんだけど、彼は血相を変えて「すみません！」と言うんですね。そういう真面目なところを、僕は買っています。

橋本：あの時は本当に焦りました。「自分はどれだけ損害を出してしまったんだろう」と。

※2：橋本
本名・橋本鉄也

※3：ウエストライン
二〇一一年三月に本格稼働を開始した新生産ライン。リターナブル壜の専用ラインを備え、毎分六〇〇本の生産能力を持つ。

僕は横山さんとお会いして、本当にいろいろなところに目がついている方だなあ、と思いました。ウエストラインは広いから、目が行き届かないこともあると思うんですが、本当に遠くの機械音も聞き分けていらっしゃいますよね。ウエストラインのまとめ役として、経験値が全然違うんだな、と思いました。

横山：かっこいいね、俺（笑）。手、抜けなくなっちゃうね。

愛情を感じるから「やってやろう」と思える

Q　石渡社長のお話を伺っていると、社員のみなさんに寄せる愛情には並々ならぬものがあると感じます。みなさんはどんな時に、社長の愛情をお感じになりますか。

唐澤：それは随所に感じますね。石渡は厳しい人ですが、自分自身が部下を持つようになってからは、人に厳しくする方がよほど大変だと思うようになりました。誰かのやることに不満があっても、曖昧にやり過ごしていれば、自分も傷つかないですむし、ストレスもかからない。でも、人に厳しいことを言うには、自分もそれだけの覚悟を決めなくてはいけない。石渡はいつも全力で社員にぶつかってきてくれますが、それは愛情なくしてはできないことだと思います。

橋本：僕の場合、社長の愛情を一番感じたのは、内定後に入社を決めるかどうかで自分が悩んでいた時ですね。社長は僕に「何がベストかは、自分が入社してからどれだけ頑張るかで決まる」と言ってくれたんです。いつまでも内定で迷っているような学生に、社長がそこまで言ってくれる会社はないですよね。

入社してからも、日頃の営業成績を一人ひとり気にかけて、毎月のように「大丈夫？」と心配してくれます。そういうところに愛情を感じますね。

横山：そうそう。僕も社長から「ありがとうね」と言われることがけっこうあります。それが形だけの言葉ではなくて、愛情を感じるから、「次もやってやろう！」と思えるんですよね。
以前、僕が指をケガした時、「指の具合はいかがですか」と、わざわざ自筆の手紙[※4]を書いて送ってくれたんです。「これからもウエストラインをよくしようね、いつもありがとうございます」と。これはうれしかったですね。

石津：たしかに、「私のことを、そこまで考えてくれていたんだ」と感じることは多いですね。
石渡に注意された時、最初は石渡が感情的に怒っていると思ったんですが、そうではないんですね。「あなたがそれを続けていくと、あなたの人生はこうなるのよ。でも、それを改めたら、こんなにハッピーになるんだよ」と言ってくれるんです。小手先のことではなく、私の人生のことまで考えてくれている。そこまで言ってくれる人が、家族以外にいるだろうかと思いました。
「あなたのためを思って言うのよ」という台詞はよく聞きますが、本気でそれを実践しているのが、石渡だと思います。

大森：僕は、中途採用で、多くの応募者の中から僕を選んでもらった、ということが一番でしょうか。石渡と出会ったことは、偶然であると同時に必然なのかもしれない、と思い始めています。
これからどんどん人が増えていく中で、「僕にできることはなんだろう」と自問自答しているんですが、中間層として社長の言葉や思いを自分の言葉に換えて伝えて

※4：**自筆の手紙**
一五〇ページ参照

いくことが必要なのかな、と思います。

社長の「本気」を感じた大学院のゼミ

Q　石渡社長は二〇〇九年から二〇一一年までの二年間、早稲田大学ビジネススクールに通われていましたよね。そのことについて、みなさんはどうお感じになりましたか。ゼミの聴講もされたと伺いましたが。

唐澤：実は、石渡が大学院に通っている時、会社にとってもエポックメイキングな事件（注：五月ショック[※5]）が起きていたんです。でも石渡は、仕事も大学院の研究もけっして手を抜かなかった。それを見て、本当にすごいと思いましたね。その後、私たちも早稲田のWIPE[※6]に参加させてもらったんですが、仕事をしながら月に一〇冊の本を読むなど、到底無理。社長業をこなしながらも、あれほどの論文を書き上げたというのは、言葉では言い表せないほどのパワーを使っていたのだと思います。ゼミ発表の日などはヘロヘロで、本当に「全精力を出し尽くした」という感じでしたから。

石津：そうそう！　ビジネススクールに通い始めてから、石渡が使う言葉がどんどん変わっていくんです。二日前には使っていなかった言葉がどんどん出てくるので、なんとかそれに追いつかねば！　というのはありましたね。

横山：僕もゼミの発表には何回か参加したんですが、内容はぶっちゃけ、わからなかったですね。ビジネススクール用語がたくさん使われているので。

大森：僕も最初は、正直、何を言っているのか……。

※5：五月ショック
二〇一一年五月に行われた百貨店のイベントで他店にご迷惑をおかけし、出入禁止になった事件（一〇五ページ参照）。

※6：WIPE
Waseda Institute for Performance Excellence の略。早稲田大学経営品質研究会。実効性のあるソリューションを求めて企業経営者と研究員・講師がコラボレート。WIPEで開発した新しい考え方を企業・組織で実践し、理論を実証。企業や組織の経営品質を高めていくというもの。（七〇ページ参照）。

横山：でも、初めのうちは先生に容赦なく「袈裟《けさ》斬り」されていたけど、最後の方は違いましたよね。パワーポイントの資料が形になっていくにつれて、全然感じが違ってきたのがよくわかりました。

横山：内容がわからないなりに、「この人は本当に会社をよくしようとしているんだ」ということだけは、ものすごく伝わってきましたよね。第一、ゼミに社員を呼ぶこと自体、なかなかできることではないですよ。だって、先生に厳しく指摘されたり、怒られたりしている姿を社員に見せるわけじゃないですか。そんな姿をあえて見せるということは、社員に何かを感じてもらいたかったんでしょうね。

暗黙知を顕在化して創業二〇〇年の礎を築きたい

Q　ホッピービバレッジという舞台で、これからみなさんは何をしていきたいですか。

横山：この会社に入って改めて感じたのは、「自分は機械いじりが好きだ」ということです。なにせ、年寄り[※7]だからね（笑）。

唐澤・石津：何を言っているんですか！（笑）

横山：これからもずっと現場にいたい。将来エラくなっても、一人の技術者として、絶えず機械のことを考えていたいですね。
僕たちが扱っているのは、直接、お客様の胃に入るものを製造する機械。その意味では、食品機械のプロフェッショナルとして、これからも技術を磨いていきたいです。その分、プレッシャーもありますけどね。

※7：年寄り
ホッピービバレッジの社員の七割は二〇代。横山（三八歳）、大森（三五歳）などの中間管理職は、年齢的に若くても社内ではベテラン扱いになる。

石津：横山さんはプロフェッショナルとして、日頃から気をつけていることはありますか。

横山：まずは「機械を見る」ということですね。

実は入社したての頃、某大手重工業メーカーの、食品機械ではかなり有名な方に怒られたことがあるんです。「お前のメンテナンスが悪いから、機械が壊れたんだ。修理費に一〇〇万から二〇〇万円もかかったんだぞ！」って。

自分が担当する機械を一年も見ていれば、ちょっとした配管のエアもれの音や金属チップの音の変化に気づくようになる。それって、ふだんから機械の正常な動きをじっくり見て聞いていないと、気づかないことじゃないですか。

「技を極める」って、きっと、そういうことですよね。定年までウエストラインを見守って、ライン全体の音を聞き分けながら、「ああ、あそこの調子が悪いね」と言えるようになれば、スゴイと思うんです。

うちの弱みは、トラブルが起こると、すぐに業者に修理を頼んでしまうこと。もちろん、自分たちでも、できることはチャレンジするんですけどね。

チャレンジ精神は大切だし、自分たちの技術を高いレベルに上げていかないと、欠品につながってしまう。そういう意味でも、技術力を高める努力を続けていきたいと思います。

橋本：僕は、お客様だけでなく、社内にも安心を与えられる人になりたいですね。お客様や先輩、同期、後輩から、「橋本がいたから安心して仕事ができたよ」と言われるように。みなを裏で支える「支え役」になりたいです。

大森：僕が今、考えているのは、ホッピービバレッジの「営業の虎の巻」を作ることです。実は昨日まで、今までやった仕事を全部書きだして「棚卸」する研修を受けていたんです。営業のルーティンワークを書き出していくうちに、自分が入社以来、身につけてきたノウハウを、全て「暗黙知」にしていたことに気がつきました。部下に何も伝えないまま、よく今まで「あれをやれ、これをやれ」と言ってきたなあ、と。すごく罪作りなことをしていたと気づかされましたね。

これからは、自分の頭の中にあるノウハウを可視化し、会社に残していかないといけない。売り方のコツから事故対応に至るまで、「ホッピービバレッジの営業って何？」ということを洗いざらい書き出して、暗黙知を顕在化していきたいですね。そうすれば、橋本のような新入社員も、もっと能力を発揮できると思うんです。僕もオジサンなので、そろそろ、こういうものを残していかないと（笑）。

未来の社員に、「こんなスゴイものを作った大森って、誰!?」と言ってもらえるように、頑張りたい。社員が安心して働ける環境を作り、「二〇〇年続く会社作り」に貢献したいですね。

石津：私は秘書兼広報という立場なので、ずっと「社長を支えるのが自分の仕事」と思っていたんです。でも、昨日の研修で、自分が「支える」と言っていた言葉には、「逃げ」も入っていたと気づかされました。

じゃあ、こんなに社長の間近にいる意味って何だろう。そう考えた時、（経営者の）変化を察知して「伝える」だけでなく、「残していく」ことも大切だと思うようになりました。

今のホッピービバレッジは激動期で、信じられないくらい、毎日何かが起こっている。その大切な時期に、自分が石渡のそばにいていろいろ見聞きできるということには、何か意味があると思うんです。

これまでは、ただ単に、物事を伝えればいいと思っていたんですが、自分にできることって、それだけではない。たとえば講演会でも、聴衆の方々は机上の空論を聞きたいわけではなくて、「具体的には？」と必ず聞かれるんです。でも、物事の最前線にいる人って、「具体的には」と聞かれても、とっさには出てこないことがある。それを共体験として持っている私だからこそ、できることってあると思うんです。松下幸之助やスティーブ・ジョブズと一緒に働いた人たちが、後で本を出版したりするじゃないですか。そんなイメージで、石渡や社員、お客様、ひいては世の中のお役に立てるといいな、と思っています。

唐澤：私の夢は二つあります。この会社のことと、自分自身のことと。

まず仕事の面では、現場の部下が毎日やりがいをもって働ける会社にしたい。それから、ホッピービバレッジのCFO※8を目指していきたいですね。

CFOというのは、社長に財務面からアドバイスができる立場。社長の頭の中にある経営計画を、財務計画にしっかり落とし込んでいくことができれば、石渡の夢を具体化していくことができますよね。現場の社員から、大がかりな設備投資が必要だという話が持ち上がった時に、投資対効果を考えて財務計画を立て、石渡に「資金繰りはバッチリです。ぜひやりましょう！」と言えるようになりたい。会社の存続に関わる重要な案件を石渡がトップとして自信を持ってスピーディに意思決定できるような仕事をしたい。石渡の仕事の質も変わるでしょうし、同時に現場のモチベーションも上がりますよね。

それから、個人的にはようやく「何が起きてもOK」と腹が決まりました。去年結婚してから、けっこう真剣に悩んでいたんです。「もっと掃除をちゃんとやらなきゃ」とか、「子どもができたらどうしよう」とか。でも、そんなに先のことを考えてもしようがない。石渡も、「どんどん産みなよ！」と言ってくれたので、「何が起きても大丈夫」と思ってすごく安心したんです。

※8：CFO
Chief Financial Officerの略。財務の最高責任者。企業のファイナンス戦略の立案・執行に責任を有するトップマネジメント担当者のこと。

新卒の中では名実ともに「お局」なので、自分が率先して「結婚しても大丈夫、なんとかなるよ」と、後輩に伝えていけたらいいなと思います。

社長にもっと叱られたい！

Q　最後に、この機会に石渡社長に伝えたいことがあれば、ぜひ一言。

大森：石渡はお酒を飲むとあまりご飯を食べないので、もっと食べてほしいですね。あとは、睡眠をちゃんととって欲しい。

石津：そうですね。忙しさの中で優先順位をつけていくと、そういうものをどんどん省いていってしまうんですよね。仕事と食事を天秤にかけた時に、食事の優先順位がどうしても下がってしまう。私が気をつけなくてはいけないんですが。

唐澤：一年のうち何日かは、長期休暇をとってリフレッシュしてもらいたいですね。社員は長期休暇をもらえるけれど、石渡はなかなか休みがとれていないようなので。

横山：社長もすごく忙しいから無理もないとは思うんですが、できれば工場に来たときに、製造現場にひょいと入って「ここ、散らかってるじゃない！」とか言われたい（笑）。社長が見てくれているんだなと思うと、ラインの仲間もピシッとすると思います。それは、現場のモチベーションにつながりますよね。

――長時間、ありがとうございました。

第五章

次の100年を創る決意

社内を震撼させた「七月事件」

体育会組織から知的体育会組織へ。

「共育」を掲げて、エンジン全開で走り出した〝ミーナ・シップ〟。すったもんだでリーダーチームの育成も始まり、なんとか視界が開けてきたように思えた。

ところが。

第三創業への道筋が見えたと思ったのもつかの間、私の知らないところで、とんでもない事態が起こっていた。赤坂本社にいつのまにか腐敗菌が入り込み、じわじわと土台を食い荒らしていたのである。

とはいえ、予兆がないわけではなかった。

二〇一一年二月。大阪出張中に、なんと、石津と私が朝の四時まで大ゲンカを演じるという、未曽有の事件が発生した。

丸の内での涙に続く、「石津・大阪事変」である。

「会社の空気がザワザワしていて、仕事に集中できない。私は仕事をしたいのに、周りが足を引っ張るんです！」

突然、信頼する秘書にかみつかれて、私は唖然ボーゼン。一晩かけて彼女からようやく聞き出したのは、「他の人が一生懸命働いている間に、外回り中に遊んでいる同期の営業がいる」ということだった。

だが、核心の部分になると、石津は言葉をにごしてしまう。要領をえないまま、忙しさにまぎれて、時間だけが過ぎていった。

たしかに、社内の空気の微妙な変化には、私もうすうす気がついていた。

たとえば、コピーをとりに行ったほんの数十秒の間に、他人のパソコンの前にどっかり腰を下ろしてしまう社員がいる（弊社はフリーアドレス制）。机の上をきれいに片づけて退社したはずなのに、翌朝出社すると、飲みさしのペットボトルが放置されている。どこか緊張感に欠けた落ち着かない空気が、赤坂本社を靄《もや》のように覆っていた。

ふとしたきっかけから、事の全容が明らかになったのは、六月末から七月にかけてのことだった。

驚いた私が患部にメスを入れてみると、腐敗菌は予想以上に広がっていた。営業を中心とした入社二～五年目の社員六名が、「人から祝福されないようなこと」をしていた。たとえば虚偽の日報を上げ、仕事をしているふりをして遊んでいたようなことが発覚したのだ。

私にしてみれば、これは、あまりにも許しがたい裏切りだった。

彼らは真面目に仕事をしている仲間を小馬鹿にし、社長である私の目をあざむいている。お客様に愛される会社になろうと、みんなが日夜、汗を流しているのに、その努力を陰で笑って、ペロッと舌を出している社員がいる。

何より許せないのは、入社承諾書に込めた「心と心の契約書」を、彼らがいとも簡単に踏みにじったことだった。

好きな人と付き合う時、契約書を交わすことはしないだろう。好きな人とは心と心で結ばれているので、契約書を交わす必要はないのだ。この世の中で最も大切で尊いものは、「心と心の約束」である。それを、私の知らないところで、実にあっさりと破っていたのだ。

我が社では多くの社員が、入社時の約束を守って、誠心誠意努力している。にもかかわらず、彼らをこのまま放置すれば、やる気のある社員はモチベーションを失い、会社にはいずれ給料泥棒しか残らなくなるだろう。

しかも、新卒組は内定者研修の頃から苦労をともにしているだけあって、同期同士の結束が固い。どんなに自分を強く律したとしても、仲間の影響から完全に自由ではいられない。このまま行けば、腐敗菌はホッピービバレッジを土台から腐らせ、この会社は内部からガラガラと崩れ落ちるだろう。

ダークサイドの重力は、測り知れないパワーを持っている。闇の領域に足を踏み入れた人間は、「一生懸命、仕事をするほうが馬鹿だよ」と耳元でささやき、甘い言葉で仲間を増やそうとする。シニカルな空気を蔓延させ、他の社員まで闇の中に誘いこもうとする。

もう、一刻の猶予もない。

私は大森マネージャーと相談し、患部切断という大手術を行うことを決断した。その結果、入社二年目から五年目までの六人が会社を去ることになった。

「ならぬものは、ならぬ」という決意

この一件は、社内を震撼させた。

私は新卒組を、内定者の頃から手塩にかけて育ててきた。みんな、目の中に入れても痛くないほど可愛い存在だ。彼らは、私の愛情をつゆほども疑ってはいない。その私から退職を勧告されるとは、想像もしていなかっただろう。

もちろん私だって、彼らと別れるのは断腸の思いだった。辞めてもらった社員の中には、私がひそかに期待をかけていた社員もいる。その彼らを切り捨てるようなことをしたことで、一番傷つくのは、ほかならぬ私自身だ。会社を去った六人も、一度は共鳴力の絆で結ばれて入社した、大切な仲間ばかり。その彼らと袂《たもと》を分かつことは、生木が引き裂かれるようにつらかった。

それでも、私が断固とした態度に出たのは、「ならぬものはならぬ」という姿勢をここで見せなければ、この会社が土台から流されてしまうと感じたからだ。

働かざるもの、食うべからず。

この原理原則を、社長の私がなし崩しにしてしまったら、もはやホッピービバレッジに未来はない。

とはいえ、ぜひ誤解しないでいただきたいのは、私は「間違いを犯してはならない」とは微塵《みじん》も思っていないということだ。私自身もここまで、いろいろなことに体当たりしては失敗を繰り返してきた。失敗の中にこそ学びと成長のヒントがある。だから、社員には常々「安心して恐れずにチャレンジしなさい」と言い続けている。

でも、人を裏切り、あざむくことは別だ。それだけは絶対に許してはいけない。

今回のことで、死ぬほどいやな思いを味わい、自分の間違いに謙虚に気づいてほしい。

そして、今のうちに人生の軌道修正をしてくれたなら――。

「親が子供を勘当する時って、こんな気持ちなんだろうな」

ふと、そんなことを思った。

ちなみに、今回の事件は、「眠れるリーダーチームを覚醒させる」という思わぬ副次効果をもたらした。

あろうことか、リーダーチームのうち新卒組は、全員が現場で起こっていることを把握していた。にもかかわらず、「社長に言いつけるようなことはできない」と言って、見て見ぬふりをしていたのだ。それが、結果として最悪の事態を招いてしまった。

彼女・彼らに社会人として公と私の区別がまだついていなかったゆえのことである。

経営者にとって、社内外の情報は全て大切な経営情報だ。とくに、社員に関わる情報は、人材配置や採用計画、ひいては全体戦略にまで関わってくる。にも関わらず、リーダークラスは、それを「学校の噂話」程度にしか考えられなかった。それは、彼らが一生懸命とはいえ、まだまだ学生気分で仕事をしていたという、まぎれもない証拠だ。

「会社で何が起こっているか知っていたのに、社長に隠していたのは、私たちがプロとして甘かったせいです。本当に申し訳ありません」

そう、リーダーの唐澤や石津は、涙を流して私に謝った。

大手術の後、社内を覆っていた靄は晴れ、オフィスは再び落ち着きを取り戻した。でも、この大量退職事件が、私と社員の心に深い傷跡を残したのも事実だった。

「もう、二度とあんな形で退職者は出さない」

リーダークラスの社員たちは、そんな覚悟を固めたように思える。

仲間を失った痛みは、社内に残っていた学生気分を一掃した。それは、若い我が社が〝サークル活動〟から〝プロフェッショナルの世界〟へと離陸するための、つらい荒療治となった。

それにしても、なぜ、今回のようなことが起こってしまったのだろうか。

私たちは社員全員の成長を目指し、高らかな理想を掲げて共育を始めたはずだった。それが、早くも行き詰まったことを示すシグナルだったのだろうか。

私はそうは思わない。むしろ、共育が順調に進んでいるからこそ、遠心力が効きすぎて、外にはじき飛ばされる社員が出てしまったと考えている。

そう頭では理解しても、激しい後悔の念が消えてなくなるわけではない。

彼らがダークサイドに陥る前に、なぜ救ってやれなかったのか。

私が未熟で、私の作った組織も未熟だったから、結局、彼らに手を差し伸べることはできなかった。もっと私が成長していて、組織も成熟していれば、こんな事態になる前に手を打つことはいくらでもできたはずだ。

今はただ、彼らが身をもって、大切なことを私たちに教えてくれたのだ、と思うしかない。どんなに共育の道が険しくても、二度とこんな形で脱落者を出したくはない。

大嵐の実行計画レビュー

七月の出来事から二カ月が経ち、震災後初の「節電の夏」もピークを過ぎた頃。これで収まるかと思いきや……まだ続きがあった。再び巨大なハリケーンが、ホッピービバレッジを直撃。

二〇一一年度の全社戦略を受けて、五月にリーダークラスが部門別の年間マスタープランをまとめ、具体的な実行計画と工程表を作成したことは第三章でふれた。その上期の状況をレビューしたのだが、その結果がなんとも惨憺《さんたん》たるものだったのだ。

五月のプラン発表会では、リーダーチームはやる気満々。個人面談も大いに盛り上がったものだから、私はかなり期待を膨らませていた。

今日はみんな、どんな報告をしてくれるのかな。

ワクワクしながら会議室での面談に臨んだが、期待はたちまち絶望に変わる。

驚くなかれ、あれだけ仔細な工程表まで作っておきながら、ほとんどのリーダーが上半期に戦略を一つも実行していなかったのだ。

一天にわかにかき曇り、会議室の上空はみるみる雷雲で覆われていく。

「これじゃあ、業績が上がるわけないだろー！　給料返せー！」

「そんなに戦略を実行するのがいやだったら、他の社長のところに行っちまえー！」

と、本に書くのもはばかられるぐらいの、罵詈雑言《ばりぞうごん》。

飛び蹴り、回し蹴り、吠える、かみつく。

さすがに手と足は出さなかったが、お前はジャッキー・チェンかというぐらい、私は大荒れに荒れた。もし部屋に来客用の灰皿でもあれば、ガラスの一枚や二枚は粉々に粉砕していたかもしれない。

唯一、それなりの成果を上げてきたのが、私の直属部門である管理系と採用・広報部門。さすがに日頃から、私にヤイヤイ言われているだけあって、かろうじて合格点はあげられる内容だ。

それ以外は全滅。

営業部門と製造部門に至っては、完全に機能停止というほかない状態だった。

もっとも製造部門のほうは、戦略実行部隊としては全く機能していないものの、加藤木工場長という生粋の「職人」のおかげで、どうにかこうにか回っている。目も当てられないほどだったのが、営業部門。なにしろ、営業部門のトップである大森マネージャー自身が、今、大混乱の真っ最中なのだ。上司が戦略の何たるかをわかっていないのに、部下のリーダークラスが、それを実行できるはずもない。

――これでは何も仕事をしていないことと一緒。戦略を実行するためのポイントも、わかりやすく説明したはずだし、何より、わからない彼らではないのに。どう伝えたら伝わるんだろう……？

さしもの強気なホッピーミーナも、すっかりへこんでしまった。

私がビジネススクールに行ったことで、いつの間にか、社員との間に大きな差が開いてしまった。その周回遅れを取り戻そうと、戦略的思考の研修を受けさせ、実務でも経営計画やマスタープランの作成まで任せたはずだった。

なのに、いざフタを開けてみたら、なんということだろう。周回遅れどころか、五周回ぐらいまで差が開いている。

一体、何が問題だというのか。私は暗然とした。

なぜ戦略を実行できないのか

なぜ、社員は戦略を実行できないのだろうか。再び私は頭を抱えた。

彼らは、私が打ち出した戦略の「意味」が理解できないわけではない。ただ、全社戦略の本質が何で、それをどうすれば営業戦略や広報戦略に展開できるのか、そのストーリーの作り方がわからないだけ、という仮説を立ててみた。

具体的な例でご説明しよう。

今回、私は「お客様との共進化関係の構築」という全社戦略を打ち出した。それは、次のような理由からだ。

飲料メーカーであるホッピービバレッジは、問屋様をはじめ、業務酒販店様、料飲店様、量販店様など、さまざまなお客様と取引をさせていただいている。どこの業界でもそうだが、お客様は「神様」で、生殺与奪《せいさつよだつ》の権を握っている。問屋様がホッピーを買ってくださらないと、メーカーは日干しになってしまう。

そんな力関係から、お客様とメーカーとは往々にして〝主従関係〟になりがちだ。そして、いったん主従関係ができあがってしまうと、お客様から値引きやリベートを要求されたりして、適正な利益を確保するのが難しくなる。テレビCMをバンバン打てるような大手メーカーならともかく、これでは、我々のような中小メーカーは生き残っていけない。

では、私たちが厳しい競争環境の中で生き延びていくためには、どうしたらいいのだろうか。それは、「ホッピー社とつきあうと、有形無形の付加価値がついてくる」と思っていただけるようにすることではないかと考えたのだった。

「ホッピー社とつきあうと、いろいろと知恵を貸してくれる」

「ホッピー社と仕事をすると、刺激をもらえて成長できる気がする」

「ホッピー社は面白いマネジメントをしているから、お互いに学び合いたい」

もし、お客様にそう思っていただくことができれば、メーカーは値引き合戦という泥沼の消耗戦から解放され、お客様のビジネスパートナーとして、実り多い関係を築くことができるかもしれない。そこで、「お客様と戦略を共有しあって、一緒に進化・成長していくビジネスパートナーを目指していきましょう」という戦略を打ち出したわけだ。

ただそれではまだわかりにくいので、私は「Gモデル」を例に挙げて、社員に説明した。

「Gモデル」とは、ある居酒屋さんの名前である。

昨年、営業職の水流が、業務酒販店様の依頼でG店のホッピー・キャンペーンをお手伝いしたところ、お店の大将にいたく喜ばれ、売上がなんと三倍にアップするという驚異的な成果を上げた。

限られた人数しかいない我が社の営業が、都内の料飲店様をくまなく回ることはできないけれど、業務酒販店様に仲人になってもらえれば、お得意さんの数は「足し算」ではなく「かけ算」で増えていく。

そこで、業務酒販店様に仲人役を務めてもらい、料飲店様、ホッピービバレッジの三社が協力して、「Ｗｉｎ－Ｗｉｎ－Ｗｉｎ」の関係を築き上げる。しかしこれは単なる量の追求の話ではない。ホッピーが業務用酒販店様、料飲店様、エンドユーザー様に「ホッピーがあってこそ」のお言葉をいただけるほどに満足していただいて、お客様のお役に立てていることが大前提だ。これを我が社では、「Ｇモデル」と呼んでいる。

そこで今期は、「お客様との共進化関係を構築」するために、「Ｇモデル」を数百件作るという目標を立てた。ところが、フタを開けてみれば、あら不思議。「Ｇモデル」はなんと一件もできていない。私が知るだけでも、「Ｇモデル」が成立する事例は、一〇件は下らないというのに。

要するに、社員は杓子定規に、こう思い込んでいるのだ。

「だって、業務用酒販店様と料飲店様、メーカーの三社がそろわないと、『Ｇモデル』にならないじゃないですか」

私は思わず絶句。くく〜、どうしてわかってくれないの、と涙で袖を濡らす。

問題は火を見るよりも明らかだった。要するに、「本質を理解する力」が充分ない。文字の表面だけをさらって「理解したつもり」になっているだけ。戦略の本質を理解しないかぎり、公式を分解して応用し、戦略を自分なりのストーリーに置き換えることはできないのだ。

これこそが、「社員が戦略を実行できない」最大の理由だった。

これは、別の言葉で言いかえれば「コンセプチュアルスキル」。すなわち、物事を抽象化して考える「概念化力」だ。この力をつければ、日々、現場で起こる物事の本質を理解し、お客様の声に隠された真のニーズをつかむことができるようになる。

そして、「創造力」を発揮して応用を利かせることができるので、仕事がどんどん面白くなり、若木は持ち前のパワーを全開にしてぐんぐん伸びていく。それと同時に、お客様に共鳴していただくための「表現力」や、ホッピー精神を伝道するための「伝承力」も磨かれるはずだ。

なぜ戦略が実行されないのか、いつまでたってもリーダーチームの理解を得られないのか、その原因と解をつかんだ私は、半年間抱えていたモヤモヤがぐんぐんと消え去り、再び晴れ間がのぞいてきたような気持ちになった。

ここまでくれば、結果は得たも同然。しかしここで急がせてしまうと、プレッシャーから、いつ脱落者が出るかわからない。はやる気持ちを抑えて、私はご機嫌良く過ごしていよう。

珍しく社内の誰にも打ち明けていない私の心境の変化と作戦変更。しかし「どうもこの頃ずっとニコニコしていて気味が悪いな」くらいはボチボチ感じ始めてくれるだろうか。

私の雷にすっかり慣れてしまった!?社員たちに対して、北風作戦から太陽作戦に切り替え、ホッピービバレッジ第三創業のテイクオフに向けたリーダーマネジメントチームの育成の加速化モデルはいよいよ仕上げに入ろうとしている。

「バタフライ効果」でトルネードが襲来!?～社長の反省～

振り返れば、社長のバトンを受け取った二〇一〇年三月六日が、我がホッピービバレッジの大混乱時代の幕開けだった。

第三創業のテイクオフに向かって走り出したとたん、「五月ショック」でまさかの失速。

3・11後の混乱はなんとか収拾したものの、七月に六人が辞める事件が起こり、九月の戦略実行計画レビューではハリケーンが吹き荒れた。

とにかく、上を下への大混乱。会社ごと竜巻にさらわれ、上空で旋回しているような状況だ。

竜巻と言えば、カオス理論の中の有名な比喩に、

「ブラジルで蝶がはばたくと、テキサスでトルネード（竜巻）が起こる」

という言葉がある。「バタフライ効果」と言って、映画やドラマでもよく採り上げられているので、ご存知の方も多いだろう。

蝶の羽ばたきのようにささやかな変化が、やがて、想像もつかないような変化を引き起こす。それと同じで、私が社長として羽ばたいたことが、会社の気流や磁場を微妙に変え、変化が変化を呼んで、大竜巻を呼び起こしたのだろう。

そして、カオスの原因は、言うまでもなく私のリーダーシップ不足にある。

実行計画レビューが惨憺たる結果に終わったとはいえ、サボッている人間など一人もいない。それなのに、彼らがお地蔵さんのように動けないでいるのは、私が上手に導いてやれていないからだ。

早稲田進学をきっかけに、私が急に会社の偏差値を上げ、五周回先まで勝手にすっ飛ん

で行ってしまった。ビジネススクールでの研究成果を活かし、第三創業に向けて走り出したはいいが、経営戦略を社員のレベルまでブレイクダウンし、かみ砕いて伝えるという肝心のことができていない。

トップが社員を置き去りにしないためには、社員が背伸びすれば届く高さに目標を設定し、小走りで追いつけるスピードで前進しなければいけない。それにもかかわらず、私は二歳児を連れていることを忘れ、ゴールに向かって全速力で、しかも一人で駆け出してしまった。ふと、我に返って後ろを振り返ると、子どもの姿はどこにも見えない。

「どうして、ちゃんとついて来ないのッ！」

と叱っても、彼らなりに全力でついて行っているので、子どもは途方にくれるだけだ。

本来なら、私が社員の進度を見ながら速度を調節しなくてはならないのに、その辺のサジ加減がうまくいかないのは、若さから来る不器用さもあるだろう。そして、社長としてのリーダーシップが欠けていることの証左でもある。

そんなわけで、毎日が反省の連続。社員には本当に申し訳ないと思う。

未熟な社長と未熟な社員が、七転八倒しながら、産みの苦しみを味わっている。それが、現在の我が社のいつわらざる姿である。

人々の夢と歴史を物語るホッピー

それでも、今の私に迷いはない。売るほどにある反省は自覚しているが、自分でも不思議なほどに心の揺れはない。まるで、自分の背骨の中に一本の軸が通ったような感じなのだ。この変化は一体、どうしたことだろうか。

一つには、社長になったせいかもしれない。

もちろん、副社長時代から社長代行として、経営の実務は全て任せてもらっていた。それでもどこかに、「父の会社だから」という遠慮があったのも事実だ。でも、昨年の三月に社長に就任したことで、私の意識は大きく変わり、もう微動だにしなくなった。腹の中に、押しても引いても動かない、大きな要石がデーンと置かれたような感じ、と言えばいいだろうか。

そんな私を見て、社員たちはきっと、「石渡は前より厳しくなった」と感じていると思う。それは言い方を変えれば、「妥協しなくなった」ということだ。

では、どうして私が妥協しなくなったのか。

答えは簡単だ。私が妥協すれば、それはホッピービバレッジの妥協につながってしまうからだ。

たとえばここに、発酵に五日は必要な商品があるとする。その商品を、「在庫が切れたから、三日で製造して届けてほしい」と、お客様に言われたとしよう。ここで、もし私が妥協して無理に製造期間を短縮すれば、それは必ずや品質の低下につながり、お客様の信頼を失うことになる。そして、ホッピービバレッジという会社は市場の信頼を失って崩壊し、社員とその家族を路頭に迷わせてしまうだろう。

それだけは、絶対に許すわけにはいかない。だからこそ、私は一切の妥協を止め、完全に退路を断った。今の私はもう〝お騒がせ娘〟のホッピーミーナではない。一〇〇年企業ホッピービバレッジの第三創業を担う、揺るぎない覚悟を秘めた三代目という自負がある。

私が迷わなくなったもう一つの理由は、震災の時の体験にある。

3・11を機に、私がホッピーの使命を自覚したいきさつは、第一章でもふれた。敗戦、オイルショック、東日本大震災。歴史をたどれば、ホッピーは、常に荒廃と困難の中から立ち上がる日本人の心に寄り添い続けてきた。お客様に喜んでいただけるホッピーを変わらず作り続けることが、多少なりとも日本の復興と再生を支えることにつながる。その確信は揺るぎない信念に変わり、ホッピーを作り続けていく覚悟を、私に与えてくれた。

では、一〇〇年という歳月を経て飲み継がれてきたホッピーとは、どういう存在なのだろうか。

私が申し上げるのも口はばったいが、ホッピーとは単なる「飲み物」ではないらしい、ということだ。

第一に、それは「夢を語るドリンク」。

創刊第一号から親しくおつきあいさせていただいている雑誌『古典酒場』の取材で倉嶋《くらしま》紀和子《きわこ》編集長とともに数年前、青森に行った時のことだ。ある居酒屋様を訪ねると、地元の方がホッピーを美味しそうに召しあがっていた。

その方がホッピーと出会ったのは、東京で暮らしていた二〇代の頃。お金はないが、若さと希望だけはあふれんばかりにあった時代だ。だから、今でもホッピーを飲むと、夢に燃えていた頃の自分を思い出す。そして、体の底から力がみなぎってくるのだそうだ。

第二に、ホッピーとは「歴史を語るドリンク」とも言えるようだ。

ある知人が、私にこんなことを教えてくれた。

上司との飲みは基本的に歓迎されないもの。上司は善意でも〝講釈〟を受ける部下たちはうれしくない。

「でも、ホッピーを飲みながらだと、ホッピー初体験話がきっかけとなって会社や自分の歴史を自然に語ることができて、彼らも素直に耳を傾けてくれるんだよね」

どうやらホッピーの場は自然と伝承の場、教育の場、人と人との架け橋の場になることが多いらしい。何ともありがたいお話である。

ホッピーとは、それ自体が物語であると考えている。そして、人と人とを深いところで共鳴させてくれる、類まれなコミュニケーションツールでもある。星の数ほどもある人生にそっと寄り添い、それぞれの人生を、物語という金色の輝きで満たす飲み物。その意味では、ホッピーとは、飲み物であると同時に、飲み物を超えた存在と言わせていただいてもお許しいただけるのではないか……。

コカ・コーラが青春の輝かしさを語る永遠のシンボルであるように、ホッピーは、人々の夢と歴史を語るアイコンであり続けたい。時代やお客様のニーズに合わせて多少の微調整はあっても、本質はいつまでも変わらない。ホッピーとはそんな存在であり続けたいと、切に思う。

醸造技術の面白さに開眼！

ホッピーという飲料を支えているのが、一〇〇年の伝統を持つ醸造力であることは言うまでもない。

ところがMOTで技術経営を学ぶまでの私は、自分の得意分野も手伝って、気持ちはいつもマーケティングやプロモーションに寄り、技術は工場に任せっぱなしという状態だった。

しかし、学びが私を変えた。創業一〇〇周年を迎え、次の一〇〇年に向けて新たなスタートを切るには、社長としてホッピー・テクノロジー（ホピテク）を学び直す必要があると痛感したのだ。

長年、調布工場を任されてきた加藤木工場長も、数年後には定年を迎える。

そこで、工場内での技術伝承を進めてもらうと同時に、私にも醸造技術のエッセンスを伝授してもらうことにした。

こうして月一回、加藤木からマンツーマン指導を受ける「加藤木塾」がスタートしたのは、二〇一〇年の春。ところが、せっかくの妙案も長くは続かなかった。

新生産ラインの設備投資をめぐるゴタゴタで、私が半年間、加藤木と口を聞かなかったことは前にもふれた（第一章参照）。そのあおりで、「加藤木塾」もやむなく中断に至ったが、考えてみれば、いいオトナがいつまでも冷戦状態というのも、大人げない。

そこで、一二月に行われた大学院での最後のゼミ発表に、加藤木を招待。これをきっかけに、再び「加藤木塾」を再開することとなった。

そして、二〇一一年九月。

光は西方からやって来た。ドイツ人醸造技師のドクター・カタインが、わが調布工場の技術指導のために来訪されたのである。

ドクターの来訪は、工場にちょっとしたセンセーションをもたらした。この時の出来事は、調布工場の歴史に長く記憶を留めることとなったに違いない。

工場での初日、ドクターはまず、製品の設計図に相当するダイアグラム（線図）を仔細にチェックし始めた。そして、計算機をはじくや否や、こう言われた。

「私の計算からいくと、ダイヤグラムがこういう結果になるはずはない。どこかで異常が起こっていると考えられます」

パチパチと電卓を叩くだけで、どうしてそんなことがわかるのか。一同、びっくりして言葉も出ない。

驚きも冷めやらぬうちに、ドクターは工場の一室に足を踏み入れた。そして、にわかにクンクンと鼻を利かせると、こう一言。

「こういう匂いがする時は、酵母がきちんと動いていない可能性があります」

居合わせた私と加藤木は、再び絶句。その話を後で聞かされた工場の社員たちも、目からウロコ。計算や匂いだけで、どうして異常の原因までわかるのか。

恐るべし、ドクター・カタイン。

ビールの本場からいらした技術者の眼力に、私たちはすっかり脱帽してしまった。

実を言えば、私もこれまで加藤木以下、工場の社員にはいろいろな説明を受けてきた。でも、今一つ釈然としないことが多かった。なぜなら、社員の話は、

「○○を△△すると、こういう現象が起こる」

というように、現象面の解説に終始することがほとんどだったからだ。

ところが、私が一番知りたいのは「なぜ、そういう現象が起きるのか」という原理の部分。そこがさっぱりわからず、隔靴《かっか》掻痒《そうよう》の気分でいたところに、ドクターが突然現れて、魔法のように絵解きを始めたのだから、これが面白くないわけがない。

「こういう話が聞きたかった！」

と、私はドクターの話にどんどん引きこまれていった。

言われてみれば、思い当たることは少なくない。

三月に新生産ラインが稼働して以来、工場では課題が次々に持ち上がっていた。その原因を社員に聞いても、誰一人として明確に答えられる人がいない。ところが、ドクターの話を聞いていると、問題の糸口が見えてくるような気がした。一陣の偏西風が、頭の中の霧を吹き飛ばしてくれたような、なんとも爽快な気分だった。

ドクターの来日でつくづく考えさせられたのは、醸造とは、ロジカルな理論に基づいた「科学」だということだ。当たり前といえば当たり前すぎることかもしれないが、わがホッピービバレッジにとっては大きな発見だった。

なにしろ、我が社は、老舗の個人商店に毛が生えたようなもの。醸造も科学というよりは、代々伝承する「匠の技」に近い。なにしろ匠の世界だから、技術の伝承も口伝が頼り。でも、これでは何かトラブルが起こった時に、解決の糸口さえつかめず右往左往してしまうことになる。ホッピー精神が息づく匠の系譜は後世に引き継ぐとしても、これからは、科学として醸造技術をとらえなくては、時代に取り残されてしまうだろう。

その一カ月後に開かれた父の旭日小綬章受章祝賀会の二次会で、私は仕込み担当の上田《うえだ》裕樹《ゆうき》や濾過《ろか》担当の小牧顕《こまきあきら》などとずっと話していた。醸造技術について、こんなに夢中で社員と会話するなんて、おそらくホッピーミーナ史上、初めてのことではないだろうか。

副社長時代から、「工場の社員とコミュニケーションを持とう」「もっと、もの作りに興味を持たなくては」と、自分を鼓舞してきた私。でも、それはトップとしての義務感のなせる業だった。技術的な知識に乏しいこともあり、また二〇〇六年の加藤木の乱を心の底では昇華しきれず、工場に心理的な距離感を感じていたのも事実である。

でも、今は違う。今は製造のことが面白くてたまらない。工場が気になって仕方がない。これまでは職人技一辺倒だったホピテクを、最新の醸造科学と融合させて、新しいテクノロジーに昇華させる。それこそが、醸造力を武器とした「もの作り企業」としてのホッピービバレッジの向かうべき方向であり、これからの一〇〇年を作る礎になるのだ。

その尖兵として、二〇一一年春、私は調布工場の新卒社員をドイツに送り込んだ。入社四年目の仕込み担当、長田隆士《おさだたかし》。彼のミッションは、ドイツで学んだ技術を活かし、ホッピー醸造学を発展させることだ。

実習の内容は、ご縁があってご紹介いただいた、ドクター・カタインに次ぐもう一人のドイツ醸造界の巨匠・エスリンガー教授のブリュワリーでの実習が主体。彼が講師を務める大学のセミナーも受講させてもらっている。

一〇カ月間の海外研修だが、英語もドイツ語もわからない状態で異国に放り込まれて、長田はさぞ心細い思いをしていることだろう。それでも泣きごとを一切言わず、淡々と日報を上げてくる。送られてきたビデオレターに映る長田が大人びていくのを見て、そっと目頭を押さえる私。おそらく、帰国する頃には、細胞が全部入れ替わっていることだろう。

ちなみに、長期の在外研修に出ている工場の社員は、長田だけではない。

工場次長の森も、武蔵野学院大学大学院で国際コミュニケーションを学んでいる。森の師匠は、私が早稲田に行くきっかけを作ってくださった、あの渡辺昇先生だ。渡辺先生はかなりの鬼教官らしく、森はほとんど涙目になりながら、大学院に通っている。長田にしろ森にしろ、蝉《せみ》のように鮮やかに脱皮して、現場に戻って来てくれるだろう。

加藤木が引退した後の工場を引き継ぐのは、彼らを中心とする次世代のリーダーたち。ドクター・カタインはミュンヘンにお帰りになったが、来春の再来日までの間、引き続き、メールを通じてご指導をいただいている。長田も年末には帰国する。新年（二〇一二年）から、ミュンヘンと調布を結んでの新たなプロジェクトが始動する予定。

ホッピー醸造力も第三創業だ。

我が工場は、唯一無二のホッピー醸造力を有したブリュワリーであることを各自が自覚し、それを誇りにしながらホッピーを作り出す。機械は新旧問わず、社員たちの手によって磨かれ抜いて、いつもピカピカであってほしい。そして「これぞホッピービバレッジが作り出す我が社ならではの味」という基準を明文化して全社員で共有し、自信を持ってお客様にお勧めできる製品開発と製造にますます邁進したい。

ドクター・カタインの参画で、弊社の醸造技術に開眼した私の行動は一変した。調布へ行く度に幹部やプロジェクトリーダーを連れてはじっくりゆっくり、工場の隅から隅までツアーする。

ぱっと回れば三〇分もかからないだろう場内を二、三時間かけて回る。

「前回から、ここを改善しました！」

私が口を開く前に自己申告してくる社員も出現。

「明日行くからね！」と言えば、「社長をビビらせますよ」と笑顔が返ってくる。

「私を本当にビビらせるのは、そんなに簡単なことじゃないよ」と私も笑顔で応酬。

「社長の本気が僕たちに伝わってきています。だから僕たちの行動が変わり始めたんです。どうか続けてください。僕たちのスピードだけれど、必ずついていきますから」

第四章に登場してもらった横山から先日、泣けるようなメッセージをもらった。これまで、調布工場の社員たちに寂しい思いをさせていたことを心から詫びつつ、いつの日か「社長が他を見ている時の方が楽だった、今はうるさくてかなわない」なんて言われたい。

私に、新たな目標が加わった。

入社して一五年。紆余曲折があったが、ようやく調布工場を、ホッピー醸造技術を素直に受け入れることができた。これまで気づけなかった宝に気づいたような喜びだ。私の世界がまた一つ大きく広がったと感じている。今、そんな自分の変化がうれしくてたまらない。

ホッピー、ニューヨーク五番街を席巻する

「そんなに忙しく働いて、いつ休みをとっているんですか」

と、人に言われることが多い。

たしかに、社内で経営や研修に取り組むかたわら、トップセールスや講演会で土日もなく飛び回り、その合間にラジオやテレビの出演もこなす。たしかに気づいてみると、自分の時間らしき時間はあまりないと言える。

松下幸之助の名言に「経営者は身体を休めてもいいが、脳は絶えず働かせていなければならない」というのがある。私は氏のこの言葉が大好きだ。私の頭脳も、常にフル回転。街を歩いているだけでセンサーが膨大な情報をキャッチし、アイデアがどんどん湧いてく

る。夢の中でも仕事をしていることが多く、まさに「寝ても覚めても」の状態。

そんな私の中には、三つのパーソナリティが共存していると考えてきた。

個人としての「石渡美奈」、「ホッピービバレッジの三代目」、そして広告塔としての「ホッピーミーナ」。以前は、この三つのバランスをうまく保ちたいと考えていたが、最近は少し考え方が変わってきた。今は、この三つが全部、統合できている感じなのだ。

三つの人格は、もはや「三位一体」。車体は一つだが、ギアチェンジで段階的に変速する感じ、と言えばおわかりいただけるだろうか。

とは言え、常にトップギアの状態では、体の方が悲鳴を上げてしまう。私も、もう四十路。さすがに不死身ではないので、たまに朝、ベッドの中で、疲労のあまり身動きがとれなくなることもある。時にはギアをローに入れて、休息をとることも必要だ。

そんな私にも、年に何回か、大切な息抜きの時間がある。

それは、万年筆のコレクションを手入れする時間。

気づけば、集めた万年筆は三〇〇本を超えようとしている、私は、季節ごとに使うペンやインクを変えるので、「万年筆の衣替え」が年中行事。洋服の入れ替えは相当に腰が重たいが、ペンとなると話は別。あまりの違いに母はいつも苦笑している。

オフシーズンに入った万年筆をしまい込む時や、使用中の万年筆のインクの色を変える時には、一度、インク抜きをしないといけない。ペン先に残っているインクを抜くため、試験管の底に脱脂綿を引いて水を張り、途中で数回、水を入れ替えながら二日ほどペン先を試験管の中で寝かせる。すると、中のインクがきれいに抜けてくれる。

万年筆との対話の時間を、私は「ペンの点呼の時間」と呼んでいる。キャップを一つひとつ開いては、「ありがとう」と紙に書いていく。言うなれば、ホッピーミーナ流・写経の時間。無心になって自分自身と向き合う、かけがえのないひとときだ。

もう一つの息抜きは、クラシック音楽を聴くことだ。

修士論文の先行研究で読んだ本の一冊に、大木裕子《おおきゆうこ》氏の著書『オーケストラの経営学』という本がある。これは、オーケストラを企業の組織になぞらえ、タクト一本でオケをまとめ上げる指揮者を経営者に見立てて論じた本だ。

この本を読んだことがきっかけで、私のクラシック音楽熱に火がついた。会社からは赤坂のサントリーホールも近いので、たまに仕事を抜け出して、コンサートを聞きに行くこともある。これも、ビジネススクールが私にくれた、思いがけない贈り物の一つだ。

そして、私が最高にリラックスできる場所と言えば、なんと言ってもニューヨークだろう。

まず、片道一二時間のフライトがいい。機内には山ほどの書類と書籍を持ち込み、仕事や読書に没頭する。空の上では携帯電話も通じないので、突発的な用事にさえぎられることもない。まとまった仕事をこなしたり、思案にふけるには最高の時間だ。

大好きなマンハッタンを散歩しながら、二四時間という時間を自由気ままに過ごす。大好きな英語のシャワーを浴びていると、まるで生まれ変わったような気分になるから不思議。私は水を得た魚のように、もう一つの人生を心ゆくまで味わう。かけがえのない、極上のリフレッシュタイムだ。

初めてニューヨークを訪れたのは、社会人三年目を迎えた九〇年代初頭のこと。

それまで、地元の赤坂が世界一の大都会だと信じて疑わなかった私は、ニューヨークに足を踏み入れた瞬間、そのクールな魅力にたちまちノックアウトされた。

「赤坂ってダサイかも」

そう思ったのは、この時が生まれて初めてだ。

今でも思い出すのが、五番街の近くにあるコーチのショップで見た光景。

いかにもキャリアウーマン然とした中年女性が、愛用のコーチのバッグを修理に出していた。折しも日本はバブル末期。女子大生や若いOLがやたらとブランド物を買い漁っては、せっせと質に流していた時代である。

そんな時代の空気にすっかり毒されていた私は、摩天楼で颯爽《さっそう》と働く「本物の」キャリアウーマンを目の当たりにして、脳天を金槌で殴られたようなショックを受けた。彼女は、バッグがボロボロになるほど仕事をして、それでも捨てずに修理しながら、大切に使い続けている。その姿に、私は理想のキャリアウーマン像を見たのだった。

あの日以来、ニューヨークは、私がちょくちょく巡礼に出かける〝聖地〟となっている。

「もし『どこでもドア』があったら、ニューヨークに住んで赤坂に出社する生活がしたい！」

と思うぐらいだ。それは無理としても、いつかニューヨークに、小さなホッピーのフラッグシップ・ショップぐらいは出店できたら……。

そうこうするうち、一足先に、ホッピー・ブランドが太平洋を渡ることになった。

二〇一一年一〇月、ニューヨーク五番街にユニクロのグローバル旗艦店がオープン。この時、ユニクロのコラボレーションTシャツ『UT』のシリーズから、過去に人気が高かった商品が選ばれて、ニューヨークでお披露目されることになった。

その中の一つに、なんと、ホッピーのデザインTシャツが選ばれたのだ！　しかも、オープン記念品の扇子や購入商品用の紙袋にまで、ホッピーのロゴが使われるというオマケ付き。

その一報を聞いた時の、私と社員一同の興奮をお察しいただけるだろうか。

こんなにも、ホッピーを愛していただけるなんて。ファーストリテイリングさん、本当にありがとうございます。

憧れのニューヨーク五番街の街角にホッピーの紙袋が溢れているかと思うと、本当にいても立ってもいられない気分。残念ながら、スケジュールの都合で現地には行けなかったが、ホッピーのデザインが世界に通用するクオリティを秘めているとわかっただけでも、大変な収穫だった。

いつかきっとニューヨークに進出する！
そんな思いを新たにした出来事だった。

ホッピーより先に海を渡ったホッピーのデザインＴシャツ。多くの方の手に渡ったことは社員の士気を高めた。

「共育」というライフワーク

今、社内ではちょっとした「職業観」ブームである。

職業観とは、働く意味や意義を自分なりにどう考えるか、という価値観のことだ。職業は何かと聞かれたら、多くの人は「サラリーマン」と答えるだろう。しかし、サラリーマンとは、給与生活者のこと。職業という言葉には、本来もっと深い意味がある。

会社という舞台でいかに自分の強みを活かし、どのように社会に貢献していくか。それによって、どのように豊かな人生を創っていくのか。そんな生き方そのものが問われているのが、職業観だと言える。

「職業」を表す英語の一つに「vocation」がある。この言葉の中には、「神から与えられた使命」「召命《しょうめい》」という意味がある。他の誰でもない、自分だけに与えられたミッション。それを見出して追求し、周囲の人々と分かち合って生きていけたら、それは本当に素晴らしいことではないだろうか。

この会社、この仲間や社長に出会えてよかった。この世に生まれてきてよかった。お父さん、お母さん、自分を生み、育ててくれてどうもありがとうございます。

そう、みんなが感じられるような会社でありたい。そんな思いから、私は人財育成の道にどんどんはまっていった。そして「共育」という思想を得た。

私は学生時代、「教師にだけはなれない」と思ったことがある。家庭教師のアルバイトで二人ほど面倒を見させていただいたのだが、教え子にすっかりのめり込んでしまった。たった二人でこうなのだから、一学級四〇人以上もいる学校の教師など務まるはずもない。

そう思って教師の道は断念したのだが、考えてみれば今の自分がやっていることはまるで学校の先生さながらだ――とある時気づいて苦笑してしまった。

今の私は、ホッピービバレッジという大家族を束ねる家長であり、時に母親でもあり、時に姉でもある。内定者も含めて五〇人以上の社員は、私の子どものような存在だ。三代目を継ぐつもりでこの会社に入社して、結局は社員一人ひとりの人生と、こんなにも深く関わることになった。それは私にとって背負いきれないほどの重荷であると同時に、尽きることのない喜びの源泉でもある。

とは言うものの、人と本気で向き合うことは、生半可な覚悟でできることではない。組織の人間関係も、結局は生身の人間同士のぶつかりあいだ。時には、感情の行き違いや誤解が積み重なって、もつれた糸のようになってしまうこともある。私自身も、師匠に相談しながら、現象を客観的に読み解けなければ、様々な感情に翻弄されて眠れなくなることさえある。

人と向き合うということは、合わせ鏡のようなもの。私が手を抜けば、社員もしっかり手を抜いている。相手の姿が自分の姿に生き写しであることを思い知らされ、愕然とすることもある。いったん、パンドラの箱を開けてしまえば、自分自身の弱さと対峙《たいじ》しないわけにはいかない。そうやって、現場で社員と本気のキャッチボールをしながら、幾山河を乗り越えて成長する喜びは、ちょっと言葉では言い尽くせないものがある。

それは私の周りの社員たちも同じようで、いつも私にギャンギャン言われて大変な思いをしているはずの彼らが、「壁を一つひとつ乗り越えた時の成長実感がうれしいから、それが頑張る原動力になっている」と、うれしいことを言ってくれる。

つまるところ、社員一人ひとりと、喜びや苦しみを共有しながら共に成長していくことが、私にとって究極のやりがいなのだ。だからこそ「共育」という概念を得た時、私は私らしい人生を歩んでいると自信を持って言えるようになった。とても幸せである。

「共育」を掲げて走り出したのが、ちょうど五年前。秘書室兼広報の石津の分析によれば、私が人財共育に費やす時間は、社内で過ごす時間の実に七割を占めているという。

人財共育こそ、まさに私のライフワーク。まさか、これほど人を育てることに没頭するとは思わなかった。

その源流をたどれば、先代の父や創業者の祖父の代までさかのぼることができる。「人を大切にする経営」は、ホッピー三代にわたって脈々と受け継がれてきた。家業を通じて人を育て、育てられる喜びを味わうことができるのだから、私は本当に果報者だと思う。その意味では、この「共育」というライフワークを得たことも、一つの召命ではないかという気がしてならない。

3・11を経験して痛感したのは、「人生、何が起こってもおかしくない」ということだ。とはいえ、自分が生かされているのだとしたら、自分にしかできない「使命」があるのではないだろうか。ましてや、私たちは震災後の「復興と再生を生きる」という宿命を生まれながらにして背負った世代だ。一分一秒も無駄にせず、何としても精一杯生き抜くことが最大の使命である。

新・創世記〜創業二〇〇年に向かって

二〇一〇年三月六日に創業一〇〇周年を迎えてからの一年間は、まさにカオスだった。

これがバタフライ効果なら、私はよほどの怪蝶だったのだろう。社長就任という羽ばたきが伝播していって、「五月ショック」という現象を引き起こした。第三創業に向かって私が全力疾走を始めたとたん、必死で食らいついてくる社員と、変化についていけない社員とが出てきてしまった。つまるところ、ホッピーミーナの羽ばたきが、組織の大混乱を引き起こした、と言えなくもない。

多少不適切な表現をお許しいただいて申し上げるならば、おかげさまでホッピービバレッジ、ただ今、「カオス・絶賛開催中」。

三代目に代替わりしたとたん、激動の時代を迎えてしまった我が社。起こっている現象は真摯に受け止めているつもりだし、結果、お客様にもご迷惑をおかけしていることも心苦しく、いち早くなんとかしなければとの焦りはある。しかし敢えて言わせてほしい。私は全く悲観はしていない。グレイナー・モデルによれば、現在の我が社は、組織成長の第一段階から第二段階への過渡期にある。今は、会社が成長するための胸突き八丁。もう少しで山頂にたどり着いたら、新しい地平が見えてくるはずだ。

3・11を経験して痛感したのは、「人生、何が起こってもおかしくない」ということだ。それでも自分が生かされているのだとしたら、自分にしかできない「使命」が必ずあるはずだ。私たちは震災後の「復興と再生を生きる」という宿命の下に生まれてきた。一分一秒も無駄にせず、何としても精一杯生き抜くことを最大の使命として与えられている。

調布工場が無傷だったことも含めて、3・11の前後に経験した数々の「奇跡」。あれはきっと、神様が私たちに「お客様に愛され続けるようなホッピーを作り続け、自分に与えられた使命を全うしなさい」と教えてくださったのだと、改めて思う。

私が私につながる全ての人々と巡り会ったことも、きっと意味があるはずだ。悠久の時間と空間の中で、私と社員たちが一つの船に乗り合わせたことはけっして偶然ではない。

私がワントップの「求心力」で会社を引っ張っていく時代は、もう終わった。「求心力」に加えてこれからの私たちに必要なのは、「遠心力」だ。

コマをよく回らせるためには、求心力と遠心力の絶妙なバランスが必要になる。そのためにも、今は、実力を兼ね備えたリーダーマネジメントチームの育成に全力を注ぐ時。二〇一三年には片肺飛行ができ、二〇一五年には新体制で安定飛行ができるところまで持っていきたい。

イメージは「コックピット経営」。いずれは先代の父のように、コックピットの計器を見守るだけで安定飛行ができるようなところまで持っていく。そうなれば、オートパイロットシステムに切り替えて、私はさらに先を見据えた経営や、広告塔としての役割に専念できるだろう。

今はまだ、作っちゃ流され、作っちゃ流され、の繰り返しだけれど、第三創業の土台のようなものはようやくでき始めていると、確実に手応えを感じている。

その意味では、今はまさに「創世記」。日本で言うなら「古事記」の時代だ。高天原《たかまがはら》のイザナギとイザナミが、天《あま》の沼矛《ぬぼこ》で混沌とした大地をかきまぜたら、矛から泥がしたたり落ちて、ようやく国土が固まり始めた。言ってみれば、そんな段階である。

おかげさまで、我が社には「事件」が立て続けに起こってくれるので、社員の成長速度も凄まじい。社長も社員も机に向かって猛勉強しながら、タンコブから血を流してそれぞれの現場を全力疾走している。時にはミニ竜巻が発生して、かまいたちで怪我することもしばしばだが、成長の喜びを知った社員の士気は高い。

共育の現場から、少しずつ何かが生まれようとしている。

七転び八起きのホッピー共育物語は、まだまだ続いていく。

2011年10月15日、石渡光一会長旭日小綬章記念パーティにて。社員一人ひとりが第三創業に向けた決意を新たにした。

エピローグ

二〇〇六年、社内を揺るがした「加藤木の乱」からはや五年。二〇一〇年、社史に残る新たな事件が起こった。「加藤木の乱パート2」だ。

発端は、六月二三日の夜。経理の唐澤が、青い顔をして私の元にやってきた。

「このような請求書が届いたのですが、社長はご存知ですか？」

見れば、工場の新生産ライン建築に関わる請求書のようだ。ちらと目にして今度は私が顔を真っ青にする番に。

「何、この金額。計画をはるかにオーバーしているじゃない。何が起こったんだろう？何も聞かされていないわ」

しかし、請求書が届いているということは発注済ということであり、後には引けぬということを意味する。嫌な予感がして、翌日から工事に関わっていただいている全ての業者様にヒアリングを開始した。すると――悲しいかな、予感的中。その合計額は、当初予算の一・五倍に到達していた。計画をようやく金融機関様に認めていただけて、融資も下りた矢先のことである。

全ては加藤木のゴーサインで進められていた。中には、私の「見積もりを取ってください」という指示を「ゴー」と理解した部分もあったようだ。もちろん、彼に会社や私をつぶそうという悪意は毛頭ない。しかし私とすれば、前回の反乱の舌の根も乾かないうちに、またもや大きな反乱を起こされたのと同然。それも今回は大型融資が絡んだ。ともすれば、会社自体がどうにかなるかもしれない危険を有した大反乱だ。

原因は、またもや前回と同じ「コミュニケーション不足」だった。あれだけ嫌な思いをして、コミュニケーションの重要性を学んだはずなのに、実は組織として全く学べていなかったという悲しい現実が露呈されたのだった。これでは確かに、私が社外でお話ししていることと会社でやっていることは不整合。

これまでの拙著をよく読んでくださっている方であれば、「ミーナはまた工場長とケンカしたのか。これでは『加藤木の乱』の時代と何も変わっていないではないか。ホッピービバレッジの組織は進化しているというが、本当なのか？」との疑問を持たれても、不思議ではない。

処女作『社長が変われば会社は変わる！』（二〇〇七年・阪急コミュニケーションズ）でも、次作『社長が変われば、社員は変わる！』（二〇一〇年・あさ出版）でも、私はコミュニケーションで組織が変わることを書いた。コミュニケーションの進化は組織の成熟度合いを示す。加藤木の乱以降、「コミュニケーションの改善がどれほどなされているか」との評価が、私の組織改革の成果を計る物差しなのだ。

ここで「コミュニケーションとは何か」について考えてみたい。

コミュニケーションは、コンテンツ（Contents：何を伝えるか、伝えることそのもの）とコンテクスト（Context：文脈。どうやって伝えるのか）の二つから構成される。

たとえばお客様からお叱りを受けるとする。「叱られた」という現象そのものがコンテンツであり、その場の状況、天候、時間などの客観的事実から、どうしてお客様がお叱りになられたかの〝文脈〟を正しく捉え、現象が示す意義と意味を理解することがコンテクストである。

一般的に私たちの会話は「コンテンツ」偏重であることが多い。楽だからである。会社の給湯室や夜の居酒屋で繰り広げられる上司批判、会社批判などは、まさに典型と言えよう。しかし実際は、お互い正しいコンテクストを共有しなければ対話は成立しない。上辺だけ合わせたつもりになっていても、相互「理解」は進まないどころか、相互「誤解」という不幸な状態を招きかねない。

「こんなはずじゃなかった」は、よく聞かれる言葉であり、日常茶飯事的に発生する現象の一つである。コミュニケーションは、文脈論なのである。

本文中でも触れたが、新卒社員が入社する際、私と交わす〝心と心の契約書〟にある

〝三年間〟という時間は、「一流になるための一万時間という時間と一〇年間という期間」から導きだされている（マシュー・サイド『非才！』二〇一〇年・柏書房）。一万時間は、世界に共通する人間に共通する〝魔法の数字（マジックナンバー）〟だという。一日一〇時間の練習を積んだとして、一万時間になるには三年間かかる。一日三時間として一〇年間。

しかし、一日一〇時間の練習はなかなかできるものではない。誰でも本来の才能を発揮するには、一〇年間をかけて一万時間に及ぶ厳しい練習をこなせば才能を発揮できるという。（マルコム・グラッドウェル『天才！　成功する人々の法則』二〇〇九年・講談社）一〇年＝プロへの道と定義すると、その練習には「機会と練習の重要性」を忘れてはならない。どこでも適当にやれば良いということでは決してない。どのタイミングで、どの場所で、どのような練習を積むかによって得られる結果に大きな差が生まれる。

そして、先に二〇〇五年からの流れを整理したように、一〇年間という時間もただ漫然と流れるわけではない。日本の四季が三カ月を目安に移ろうごとく、プロへの道一〇年間も三年を目安にステージが変化する。自分の経験を振り返っても、三年を最小ユニットで三回繰り返している。これがプロへの道と言える。

このステージの変化を、ビジネス界で成長プロセスの概念として用いられる「守・破・

離」という視点で整理する。
守：言われた通りの基本をきちんと守り、身につけること
破：教わった基本に自分なりの応用を加えること
離：形にとらわれない自由な境地に至ること
しっかりとした基本（形）を身につけて初めて、高度な応用や個性の発揮が可能になる。
一万時間に至る一〇年間という期間は、三年を単位とした「守・破・離」スパイラルで回る。そして三年間もまた、一年を単位とした「守・破・離」スパイラルで回ると定義する。

以上をふまえて、改革元年の二〇〇五年～二〇〇七年までを「守」、二〇〇八年～二〇一〇年の早稲田大学ビジネススクール卒業までを「破」、二〇一一年～二〇一四年の第三創業スタート準備期を「離」と整理する。

「守」「破」は、七年で四倍近い実績を作る礎の期間となった。お化け屋敷だった会社は見違えるように明るい会社に生まれ変わり、絶たれていた赤坂本社と調布工場の、社員間での交流も始まった。

ところが「破」から「離」への移行期、「加藤木の乱パート2」や「わからない病」「私との周回遅れ」が起きた。特に昨年から次々と事件が降り掛かるようになった。組織が明

らかに機能不全を起こしている。

我が社の再生の第一段階はベンチャー企業の立ち上げの成功モデルと同様、私のワントップによるリーダーシップで成功した。しかし、これからはワンマンショーではもはや効かない。成長の第二段階へとコマを進めるためには、私とメンバーをつなぐ「リーダーマネジメントチーム」の機能が必要不可欠であるのは、本文でご紹介したとおりだ。

そしてリーダーマネジメントチームに求められる大事な役割の一つが、「コミュニケーションセンター機能」、すなわち指揮・命令系統と組織横断の縦横無尽なコミュニケーションの確立だ。組織における共通の目的を社員全員に理解してもらうと同時に、彼らのモチベーションの確保を常に可能足らしめる最重要な要素こそ、コミュニケーションなのだ。

成長の第一段階を過ぎた組織においてコミュニケーションの中核を成すのは、もはやトップではなくリーダー層なのである。つまり、リーダーたちのコミュニケーション能力が不足すると、組織の活動は制限されることになる（ここで言うコミュニケーションとは、文脈論である。正しいコンテクストを共有できないコミュニケーションは成立し得ない）。

最後に、我が社の今後の挑戦について述べる。私は本格的な組織改革に着手後、「守」にあたる初期三年を、株式会社武蔵野の小山社長の元で学ばせていただき、「経営者としての心構え」を得た。「破」にあたる第二期では早稲田大学ビジネススクールＭＯＴコース、寺本・山本研究室にて「戦略論」と「戦略策定」に必要な知識とスキルを学んだ。そして、自社のビジネスモデルを検証し、今後のビジネスモデルについて作成することができた。こうして、「守」「破」のステージで経営に必要な実践と理論を得た。

次なる第三期、「離」のステージで求められるのは「実行」。理論と実践の融合である。秘策は「ビジョン実現の戦略展開ができるマネジメントリーダーの育成」だ。

その際、見過ごしてはならないことは「今、自社で何ができて、何ができていないのか」という問題と課題の正しい認識である。

「三代目と共にお客様に愛され続けるホッピービバレッジへの進化を目指し、彼女が掲げる輝く北極星に向かってどこまでも生き抜きたい」

ありがたいことに、加藤木をはじめ、全社員が想いを共有してくれていると確信できる。そして真面目で一生懸命な社員たちの取り組みの成果として、個人個人のスキルは確実に上がってきている。しかし、本文でも記した通り、現在のホッピービバレッジでは、理論と実践を結びつけられず、戦略の実行と展開がうまくいっていない。それは、戦略と実行をつなげる思考、言語が育っていないからだろう。ゆえに、コミュニケーションがあるべき姿で機能し得ないのだ。

合わない内臓を移植して死に至る場合がある。成長したカラダには、見合う心臓が必要である。同様に、組織の心臓を司るコミュニケーション体系が、正しい形と大きさで、そして正常に働かないと、組織全体が機能不全に陥る危険性が高い。現在の我が社においてその実行の主役こそ、リーダーマネジメントチームなのだ。

リーダー層が組織を動かす主役となること。そのために、正しいコミュニケーションの中核を果たせるようになること。そして、社長の私自身が、彼らをしっかり育て、導くことのできるトップリーダーとしての脱皮を遂げるべく、圧倒的にたくさんの練習を自身に課すこと。これこそが、我が社が次に取り組むべき課題である。

離陸までの距離は想像以上に長かった。しかしあと少し。登山は頂上寸前、マラソンもゴール直前が最も苦しい。この苦しさを耐え抜き、歯を食いしばって乗り越えた者だけが輝く未来の光を見る。もう一回角を曲がれば、きっとそこには滑走路が見えてくるはずだ。

躊躇《ちゅうちょ》したり、立ち止まったりしている余裕はない。

お客様からの期待をしっかりと背負い、前進あるのみだ。

おわりに

「愉快」は主観、「面白い」が共感。

「ですからね、石渡さん。社員に語るときは『愉快だね』はダメなんですよ。『面白いね！』とまず、共感を示す。そして、『やってみよう！』と促し、さらに『もっと面白くするには？』と問いかけるんです。これが社員を育てる極意ですよ」

早稲田大学のお師匠様、寺本先生からいただいた、忘れ得ぬお教えの一つです。

ホッピーミーナ一、二期生を中心とした新卒組が大人への脱皮に挑戦し始めたように、「面白いね、やってミーナ！精神」は、我が社の中に芽生えつつあります。しかし、これが戦略実行の話になると、油の足りないロボットのような動きになってしまう。組織全体となるとできていないことが、現在、我が社が抱える本当の課題だと認識しています。

一方で、今回の出版を通じて、社員の成長を確かに感じるエピソードも多々ありました。

当初、本の仕上げには五日間を予定し、その間はアポイントを入れずに籠《こも》ることを決めていました。しかし予定に反して難産を極めることとなり、六日目以降は、状況を見ながら判断をしていくことになりました。

可能な限り集中させてほしいとわがままを伝えた私に、赤坂本社の統括マネージャーである大森啓介は、「こちらはお任せください。みなで完成を楽しみにしております」とメッセージをくれました。営業次長の藤咲正も電話越しに「こちらはお任せください」の一言。

調布工場で計画中の見学会とプチ講演会の打合せに同席予定だった秘書室兼広報の石津に、赤坂に戻って来れないかと頼めば、調布工場次長を務める森禎悟からは「こちらは私がやっておくので大丈夫です。石津さんは社長をサポートしてください」と、これまでの彼からは考えられない、思いやりのこもったメールが届きました。

我が家のポストは、会社の上階にあります。社員からの日報や郵便物が届くのですが、管理部門の唐澤舞からはほぼ毎晩、必ず手書きの手紙が添えられていました。「私で代われることはなんでもいたします」。

原稿執筆の最終日、あいにくリーダークラスの研修とぶつかり、ふだん、秘書室兼広報の石津に頼んでいる庶務を快く引き受けてくれたのは、経理担当の河内佑奈《かわうちゆうな》でした。

執筆が思うように進まなかったことで、内定者研修も調布工場の次世代幹部研修も、リーダークラスの研修も、残念ながら立ち会うことができませんでした。しかし、私の想いを受け止め、理解を示し、彼ら・彼女らの立場で頑張ってくれました。

我がホッピーファミリー、全社員の協力があって完成した一冊に間違いありません。

「お任せください」

社員たちの口からこのような言葉が出てくることは、これまであまりありませんでした。自分のことしか見えなかった社員たちが、私の状況を見て理解しようとするまでに視野、視点が広がったこと。他人のことに心を配れるようになり始めたこと。このことこそ、「利他」の心への第一歩です。

鍛えれば鍛えるほど、食らいついて必ず結果を出してくる。だからこそ、社長の私がさらに「共育」に心血を注ぎたくなる。私も、負けじと自身を鍛える。ホッピーミーナの経営の生命線である〝共育スパイラル〟は健全です。


最後になりましたが、心のこもった推薦文を書いてくださった平井伯昌《ひらいのりまさ》コーチに感謝いたします。ロンドン五輪の合宿先にまで拙著の原稿を持ち込み、言葉を紡いでくださいました。早大同窓でもある亮子《りょうこ》夫人は、この推薦文を実現するため段取りしてくださいました。お二人とも、どうもありがとうございました。さくらちゃん、ご誕生おめでとう！

今回編集を担当いただいた総合法令出版株式会社の大島永理乃《おおしまえりの》さんは、こだわり続けた私に対し、最後まで満身創痍になりながら伴走してくださいました。大島さんの「やりましょう」が私を支えてくれました。どうもありがとうございました。拙著執筆中にご入籍された彼女、この本も大島さんの「幸福運」のお裾分けをたっぷりいただいているに間違いありません。

私と社会人同期でいらした、同じく総合法令出版株式会社編集二課編集長の田所陽一《たどころよういち》さんにも感謝を申し上げます。

また今回、本の構成につきまして、吉田燿子《よしだようこ》さんに多大なるご協力を賜りました。ありがとうございます。

装丁を担当いただいた土屋和泉《つちやいずみ》さんにも心から感謝を申し上げます。まさか第三創業の創世メンバー全員でのカバーが実現するとは夢にも思っていませんでした。多くの社員の家で代々語り継がれるであろう素晴らしい装丁にしてくださったことに、感謝の念を捧げます。

カメラマンの菅野勝男《すがのかつお》さんは、フォークリフトに乗り、地上七メートルの高さから魂をこめて素晴らしいカバー写真を撮ってくださいました。どうもありがとうございました。

そしてこの春、志半ばにして他界された日清製粉時代の同期、泉水慶子《せんすいけいこ》さんのかけがえのない友情に、心からの感謝の気持ちを添えて、この本を捧げます。泉ちゃん、今までどうもありがとう。

これからも私は、お客様、仕入先様、ビジネスパートナー様、そして社員たちと、ますます「面白くて」幸せなホッピーストーリーを紡ぎ続けていくため、常に考え、実行して参ります。

ホッピービバレッジ改革物語、この物語に少しでも「共感」いただけたなら、これほどうれしいことはありません。次のステージで展開される物語をまたいつの日かお届けできたらと願いつつ、筆を置きます。

拙著をお読みいただき、本当にどうもありがとうございました。

二〇一一年一二月一二日

ホッピーミーナ一期生、富《とみ》井《い》亮《りょう》太《た》にめでたく二人目の赤ちゃんが誕生した昼に。

ホッピー三代目

ホッピーミーナこと

石渡美奈

カバー写真：菅野勝男（ライブワン）
装　　　丁：土屋和泉
組　　　版：横内俊彦
編 集 協 力：吉田燿子

【著者紹介】

石渡美奈　Mina Ishiwatari

ホッピービバレッジ株式会社　代表取締役社長

1968 年東京都生まれ。立教大学卒業後、日清製粉（現・日清製粉グループ本社）に入社。人事部で活躍した後、93 年に退社。広告代理店を経て、97 年、祖父・石渡秀が創業したホッピービバレッジ（旧・コクカ飲料）に入社する。ラッピングを施したトラック“ホピトラ”の導入、ラジオ番組「HOPPY HAPPY BAR」の開始、「ホッピーマガジン」の創刊など、唯一無二の商品力を活かしたマーケティングを積極的に展開。これまで社内になかった新風を送りこみ、一時は 8 億円にまで落ち込んでいた売上を 40 億円に引き上げることに成功する。また会社の中心的存在を育てるため、副社長時代から新卒採用にも着手。一人ひとりの能力を引き出す独自の研修の実施、全従業員との懇親会の開催など、社員と共に成長する“共育”に取り組んでいる。最近では、社長業の傍ら早稲田大学ビジネススクールＭＯＴコース（経営学修士）を修了。TV 番組のコメンテーターやセミナー講師、大学でのビジネスコンテストの審査員など、ホッピーの広告塔として年々活動の幅を広げている。

著書に『社長が変われば会社は変わる！』（阪急コミュニケーションズ）、『社長が変われば、社員は変わる！』（あさ出版）、『ホッピーの教科書』（日経 BP 社）がある。

ホッピービバレッジ株式会社　ホームページ
http://www.hoppy-happy.com/

視覚障害その他の理由で活字のままでこの本を利用出来ない人のために、営利を目的とする場合を除き「録音図書」「点字図書」「拡大図書」等の製作をすることを認めます。その際は著作権者、または、出版社までご連絡ください。

技術は真似できても、育てた社員は真似できない

～老舗ベンチャー・ホッピービバレッジの人財“共育”実践記～

2012年2月8日　初版発行

著　者　石渡美奈
発行者　野村直克
発行所　総合法令出版株式会社
〒107－0052　東京都港区赤坂1-9-15 日本自転車会館2号館7階
電話　03-3584-9821（代）
振替　00140-0-69059

印刷・製本　中央精版印刷株式会社

落丁・乱丁本はお取替えいたします。

ISBN 978-4-86280-291-0

総合法令出版ホームページ　http://www.horei.com/